海洋深水油气安全高效钻井基础研究丛书

# 深水油气井环空压力管理技术

杨　进　刘正礼　刘书杰　宋　宇　李舒展　著

科学出版社

北　京

## 内 容 简 介

本书系统地介绍了深水油气井环空圈闭压力的形成机理、预测方法和安全管理及控制技术。全书分为八章，首先主要从深水油气田开发方式特点、水下采油树及水下井口结构组成等方面，介绍了深水油气井环空压力形成的机理，详细阐述了深水井筒温度场预测方法和计算模型、深水井环空压力预测方法和计算模型，以及深水环空压力对井筒完整性的危害。其次针对深水油气井开采期间井筒环空压力突出问题，详细介绍了影响井筒环空压力形成的主要因素，为深水环空压力管理指明方向。针对深水井筒环空压力研究工作面临的挑战，介绍了深水环空压力监测方法、安全控制技术和关键工具。最后通过对深水典型井的实际案例分析，介绍了深水油气井环空压力管理方案设计及应用，可以让读者了解、借鉴该技术来开展深水井环空压力管理设计工作。

本书可作为海洋油气工程、石油工程、海洋工程、储运工程等专业技术人员进行海洋工程设计、海洋钻完井设计及安全作业控制的参考用书，也可作为石油、海洋院校相关专业的教学和科研参考用书。

**图书在版编目(CIP)数据**

深水油气井环空压力管理技术 / 杨进等著. —北京：科学出版社，2019. 11

(海洋深水油气安全高效钻井基础研究丛书)

ISBN 978-7-03-062441-3

Ⅰ. ①深… Ⅱ. ①杨… Ⅲ. ①油气井-井压力-管理-研究 Ⅳ. ①TE22

中国版本图书馆 CIP 数据核字（2019）第 215607 号

责任编辑：焦 健 姜德君 / 责任校对：张小霞

责任印制：肖 兴 / 封面设计：北京图阅盛世

科学出版社 出版

北京东黄城根北街 16 号

邮政编码：100717

http://www. sciencep. com

北京建宏印刷有限公司 印刷

科学出版社发行 各地新华书店经销

*

2019 年 11 月第 一 版 开本：787×1092 1/16

2019 年 11 月第一次印刷 印张：9 1/4

字数：220 000

**定价：128. 00 元**

（如有印装质量问题，我社负责调换）

# 《海洋深水油气安全高效钻井基础研究丛书》

## 编委会

# 前　言

油气井井筒环空由多层套管组成，根据环空所处位置不同，可以将环空由内到外分为A环空、B环空、C环空……A环空是指油管和生产套管之间的环空，B环空是指生产套管和与之相邻的上一层套管之间的环空，外层环空按字母顺序依次表示每层套管和与之相邻的上一层套管之间的环空。据资料统计目前陆上气井套管环空带压比例超过70%，最大的环空压力超过了50MPa，环空带压严重影响油气生产安全。

与陆地和浅水平台油气开采相比，深水、超深水油气井的水下采油树和水下井口结构的复杂性，导致套管间的环空压力无法释放，一旦当环空压力上升超过管柱的强度极限时，极易造成套管的挤毁变形和水下井口抬升，严重威胁井筒完整性与安全，给深水油气生产带来巨大安全风险，急需开展深水井筒圈闭压力预测和防治方法研究，形成一套深水油气井环空压力管理技术，确保深水油气的生产安全。

深水油气井环空管理技术涉及油气井工程、海洋工程、结构工程、材料和流体力学等多方面内容，由于国内深水油气开发起步较晚，该领域研究比较少，深水油气井环空压力管理技术基本上处于空白。“十一五”国家科技重大专项［“荔湾3-1气田总体开发方案及基本设计技术”（ZX20090257）］和“十二五”国家科技重大专项（南海深水油气井开发示范工程——南海北部陆坡深水油气田钻采风险评估及采气关键技术研究）和中国海洋石油集团有限公司专门立项开展了深水井环空压力控制技术研究及专用工具研制，通过十余年的理论研究、模拟试验和技术攻关，建立了一套深水油气井环空压力管理技术，这套技术能够为深水钻完井设计和油气生产作业提供科学依据和安全保障，降低了深水油气生产安全风险。

在本书编写过程中，中海石油深海开发公司张勇、韦红术、张俊斌、张伟国、汪顺文、罗俊峰、叶吉华、林海春、陈彬、张春杰、田波、张钦岳等同志提供了大量的深水油气开发方面资料和专业指导，中海石油（中国）有限公司钻完井办公室董新亮、孙东征、谢梅波、胡伟杰、张洪生、顾纯巍、吴旭东、熊爱江等同志提供了专业指导，中海石油（中国）有限公司北京研究中心王平双、耿亚楠、曹砚峰、谢仁军、吴怡、文敏、仝刚、徐国贤、朱荣东等同志提供了大量的技术资料和指导。中海石油（中国）有限公司湛江分公司李中、黄熠、段泽辉、郭永宾、方满宗、陈浩东、李炎军、刘和兴、罗鸣等同志提供了大量的深水资料和现场应用指导。中海油能源发展股份有限公司杨立平、陈建斌、黄小龙、卢岩、牟小军、严德、田瑞瑞等同志提供了科研支持和技术支持，在此表示衷心感谢。另外，中海油巴西公司的领导、专家和技术人员也对本书给予了一定的指导，在此表示衷心感谢。

中国石油大学（北京）的胡志强、殷启帅、胡南丁、张百灵、王欢欢、李磊、孙挺、朱益等同志参加了本书的编写工作。在本书编写和出版过程中得到了中国石油大学（北京）、中海油研究总院、中海石油深海开发公司、中海油能源发展股份有限公司工程技术分公司等单位的大力支持，在此表示感谢。

由于本书涉及内容较多、较新，加之笔者的水平有限，本书定有不妥之处，敬请读者批评指正。

# 目　录

# 第1章 概　　述

随着世界能源需求的增长及海洋油气勘探开发技术的不断进步，人们越来越重视深水海域油气资源的钻探开发，深水钻井技术也成为近年来研究的热点，全世界新增探明的油气资源有76%来自于海洋，其中约有48%来自于深水、超深水区域（张功成等，2017）。根据杨丽丽等（2017）、舟丹（2017）、王淑玲等（2018）、Energy Daily（2018）、孔志国（2010）和中国石油勘探开发研究院（2017）等的资料，在南美洲北部海岸、西非海域、北美墨西哥湾、环北极深水盆地群、滨西太平洋深水盆地群及中国南海等海域相继获得多处重大油气勘探突破，全球海洋深水领域涌现出的巨大油气资源潜力吸引着越来越多的国际组织和石油公司的参与和合作，极大地推动了海洋深水油气资源的勘探与开发。

深水钻井一般指在海上作业中水深超过900m的钻井，水深大于1500m时为超深水钻井，然而，周守为（2008）指出近年来随着海洋石油开采比例的不断增加，海洋石油勘探逐步向深水区域发展。然而，管志川等（2011）和笔者都认为深水钻井涉及钻井环境温度低、钻井液用量大（低温下钻井液的流变性也会有很大变化）、地层破裂压力窗口窄，以及海底页岩稳定性差、井眼难清洗、浅层地质灾害等问题，这给深水钻井、完井作业带来了严峻的挑战。

环空压力升高（annular pressure build-up，APB）指温度升高导致密闭的各层套管间环空内的流体膨胀从而使环空圈闭压力升高的现象。环空压力升高到一定程度就会发生套管破裂或挤毁事故。在深水油气资源勘探开发中，由于水深的影响，海底及浅部地层温度低，而储层流体的温度相对较高，在钻井以及生产阶段，井筒内的钻井液或油流的温度明显高于浅部地层的温度，这样就导致套管柱各层套管之间环空的流体温度升高，如果各层套管之间的环空是一个密闭空间，必将导致压力的升高，压力升高到一定程度就存在挤毁套管的风险。因此，APB是深水开发钻井套管柱设计中需要考虑的必要因素。

在陆地油田和浅海油田的勘探开发实践中，可以通过打开套管头侧翼阀，很容易地将APB释放掉。但在深水油田开发中，由于水下井口和生产系统设计的限制，有些密闭的环空没有释放压力的通路，而是释放到地层或通过套管阀释放到地面，此时密闭环空的压力成为深水钻井套管柱设计中需要考虑的重要因素，需要在钻井工程设计中考虑如何降低APB的影响程度。为克服套管环空压力控制的技术难题，需要对井筒环空压力的作用机理、力学模型、影响因素、计算方法和控制技术措施进行深入论证和研究，以便于对深水井身结构中套管柱的强度设计及其安全性进行总体的评价分析，制定合理充分的圈闭压力控制技术方案，确保深水油气田测试及生产作业安全。Bradford等（2004）介绍了1999年墨西哥湾Marlin油田A-2井在生产过程中的环空压力过高导致投产数小时后套管和油管破裂变形，如图1.1（a）所示。Alaska Oil & Gas Conservation Commission（2003）深入探讨了2002年Prudhoe Bay A-22井因为环空压力问题引发气井井喷，从而导致平台发生爆炸事故，如图1.1（b）所示。Pattillo等（2006）介绍了2003年Pompano A-31井在钻井过程中的环空压力过高造成套管严重变形，卡钻事故频发，如图1.1（c）和（d）所示；Pattillo等（2006）还介绍了2005年Mad Dog Slot油气田W1井也因为环空压力问题引发了油管变形等事故。

(a) Marlin油田A-2井套管挤毁　(b) Prudhoe Bay A-22井套管破裂

(c) Pompano A-31井套管挤毁　(d) Pompano A-31井套管破裂

图1.1　环空压力过高导致套管的挤毁破裂

近年来我国资源需求迅速增加，深水油气勘探步伐加快，深水油气的测试和开发已提上日程。目前我国深水油气测试和开发处于起步阶段，由于国内经验匮乏、国外公司技术封锁，环空圈闭压力将会是深水油气测试和开发面临的一大挑战。

## 1.1　深水油气井环空压力定义

### 1.1.1　套管变形产生环空压力

钻井完井过程中，为了分隔不同的地质层系，防止地层压力不同导致井壁坍塌，需要一层或多层套管固井，每层套管用水泥固井，各层套管之间的环形空间加注环空保护液，各层套管之间的环形空间的压力即为环空压力，一般称为A环空压力、B环空压力、C环空压力等，由于环空之间可能存在天然气或环空保护液，受生产时温度影响热胀冷缩而产生压力。环空压力控制在高产高压天然气井开发过程中非常重要，环空压力超高可能造成套管破裂，天然气窜入地表，造成严重井喷事故。

### 1.1.2 密闭流体膨胀产生环空压力

深水油气田测试过程和生产初期，地层流体温度高达100℃以上，而海床温度仅为2～4℃，两者温度相差很大，在油田测试或生产时可以使井口各层套管间环空圈闭流体受热膨胀而产生很大的附加压力载荷，严重时将挤毁或胀裂套管。

## 1.2 深水油气井环空结构与分类

### 1.2.1 油气井环空结构

油气井都是由很多层套管组成的，构成若干个环形空间。根据环空所处位置不同，可以将环空由内到外依次表示为A环空、B环空、C环空……A环空表示油管和生产套管之间的环空，B环空表示生产套管和与之相邻的上一层套管之间的环空。之后往上按字母顺序依次表示每层套管和与之相邻的上一层套管之间的环空，如图1.2所示。

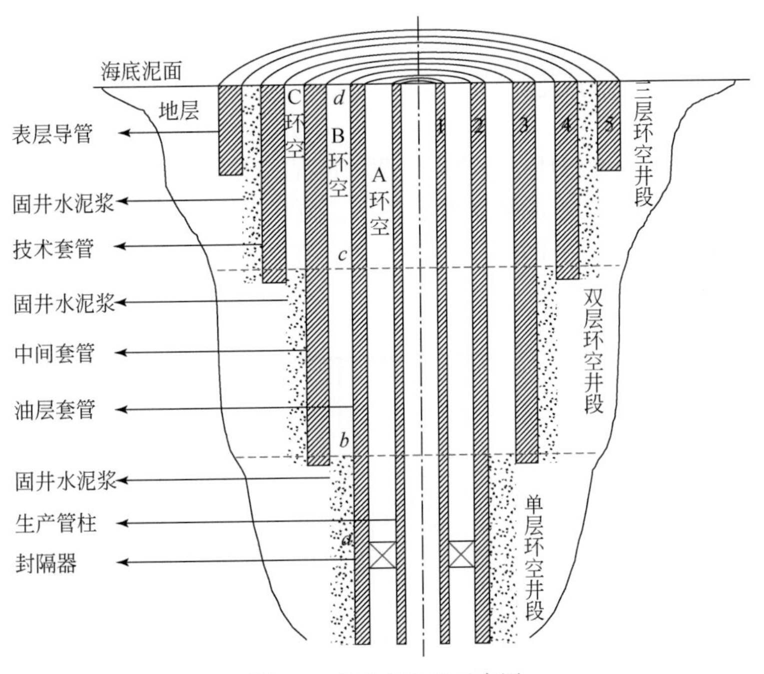


图1.2 气井各环空示意图

在深水固井作业中，水泥返高控制难度较大，一旦返出井口，容易形成水下防喷器和水下井口被固井水泥浆封堵的风险，从而造成井口环空密封失效的事故；同时，由于深水浅部地层的破裂压力梯度低，全封固井面临的漏失风险大，容易造成材料的浪费和固井成本的增加。因此在深水固井作业中较多采用未全封固井的设计方案。图 1.3 是三层环空井段的井筒地层结构示意图，可以看出，不论是单层环空井段还是多层环空井段，水泥浆未封固均会导致井身结构中存在自由段管柱和封固段套管两部分结构。自由段管柱的内、外两侧均分布为环空流体介质，而封固段套管内侧为环空流体介质，外侧则为固井水泥环，水泥环的外界面与地层相胶结，因此构成了完整的井筒地层系统。

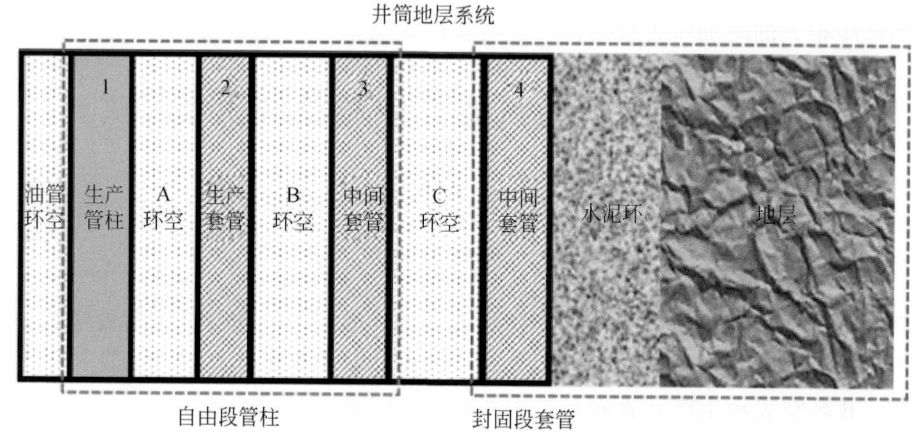


图 1.3　三层环空井段的井筒地层结构示意图

## 1.2.2　油气井环空分类

通常根据水泥充满程度将环空分为以下两种情况：①水泥浆返至井口，存在自由环空段，如图 1.4（a）所示；②水泥浆未返至井口，固井后水泥环上部还滞留有钻井液。另外，随着时间的推移，气体会在井口环空中聚集，在钻井液柱上部会形成一段气体柱，如图 1.4（b）和（c）所示。

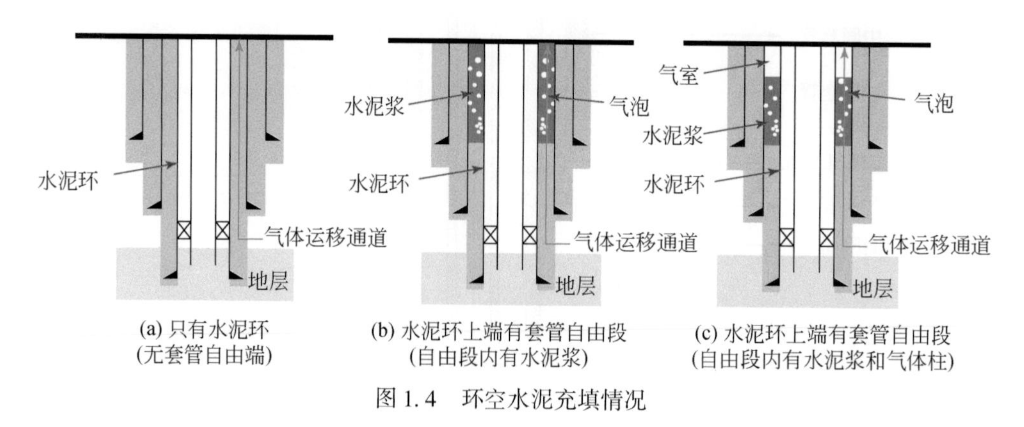


图 1.4　环空水泥充填情况

# 1.3 深水油气井环空压力管理技术发展现状

## 1.3.1 深水油气井环空压力预测技术研究现状

针对深水油气井环空压力预测模型的研究主要集中在油气的开采阶段，由于油气运移过程中井筒高温流体与地层低温环境间巨大的温差作用，未被水泥浆封固的密闭段套管环空会产生较大附加载荷。根据热效应引起的环空压力产生机理，目前发展出了基于环空流体PTV状态方程和环空体积相容性原则的两类计算模型，研究内容主要包括分析井筒温度分布、环空数量、套管刚性强度、环空流体热物性特征等因素对环空压力的影响，其研究历程和发展现状如下。

1991年，美国Atkins石油与天然气公司的Adams（1991）针对多层套管柱设计和强度分析问题进行研究，提出了运用基于井筒管柱系统的服务寿命应力分析方法（service life analysis，SLA）对管柱整体载荷状态进行校核，该方法首次考虑了环空流体热膨胀所产生的附加载荷作用。Adams和MacEachran（1994）针对SLA套管柱设计方法进行了详细的说明和补充。1993年，美国Enertech公司的Goodman和Halal（1993）应用SLA套管柱设计方法对现场HPHT案例井进行套管强度的研究分析。随后，美国Enertech公司的Halal和Mitchell（1994）、Halal等（1997）考虑了流体非线性PTV关系和套管的弹性变形，对环空流体热膨胀产生的附加载荷进行了严格的数学推导，并进一步研究了环空流体热膨胀对井口抬升的影响。

1995年，荷兰Shell E&P实验室研究员Oudeman和Bacarreza（1995）根据现场测试研究成果，基于环空流体PVT状态方程，建立了考虑环空温度变化量、环空流体体积变化量和环空体积变化量的环空压力计算模型。Moe等（2000）简化了PVT方程中套管的形变量计算，并对如何预防环空压力给予了建议。Oudeman和Bacarreza（1995）、Oudeman和Kerem（2004）对模型进行了补充，建立了套管变形量和环空渗漏泄压的计算方程，发现模型预测结果比实际测试结果要偏大，可能是由于环空流体性质的差异性与水泥环渗漏作用。中国石油大学（北京）高宝奎（2002）建立了一种考虑套管温度变化、膨胀效应、管柱屈曲、流体热效应和压缩效应的套管附加载荷计算模型，指出高温会引起套管两种附加载荷，环空压力载荷会导致内外层套管挤毁问题，轴向压力载荷会增加套管的弯曲程度，引发井口抬升的风险。

美国Halliburton公司的Richard等（2003）、Loder等（2003）和ConocoPhillips公司的Williamson等（2003）联合开展了一项关于环空流体热膨胀的室内试验，测定出部分环空流体热膨胀压力随温度的变化关系，其中某些环空流体产生的热膨胀压力超出了套管的极限强度，因此必须采取对应的措施进行压力管理。

西南石油大学王树平（2005）研究了温度对于套管接头密封性能、自由段套管和不完全自由段套管密闭环空附加载荷的影响。西南石油大学邓元洲等（2006）提出了一种迭代模型来预测环空压力，在考虑环空压力和体积耦合作用基础上，迭代法计算结果比传统方法计算结果小10%，主要是由环空体积变化造成的。

美国 Texas A&M 大学 Hasan 等（2010）将所建立的井筒传热模型应用到了环空压力计算当中，提出了半稳态和瞬态两种模型计算生产过程中的环空压力，模型中严格考虑了流体热膨胀和流体的漏失效应。2014 年，Rocha-Valadez 等（2014）研究认为井筒内热效应引发的环空压力会对井筒完整性造成危害，水泥固封失效也会造成环空持续带压状态。

2011 年起，西南石油大学张智等（2011，2013，2016）开展了对环空压力与井筒完整相干性的研究。对高含硫高产气井的环空带压问题进行了安全评估，研究认为气井油套环空温度变化最大，套管环空外侧压力变化最大；井筒内存在 $H_2S$ 和 $CO_2$ 等酸性腐蚀气体，套管强度降低，会进一步加剧环空压力带来的危害；进一步开展环空压力对水泥环密封完整性和井口抬升影响的研究，结果显示，环空压力过大会使得水泥环与套管间隙形成微裂缝，影响井筒完整性，自由段套管在温压耦合作用下容易造成井口抬升现象。

中国石油大学（北京）高德利和王宴滨（2016）从管柱力学的角度开展了环空压力机理的研究，构建了影响环空体积变化的水泥环–套管–地层系统，合理解释了环空压力预测值偏大的问题；针对页岩气井进行了环空带压的分析，建立了温度与压力耦合作用下的页岩气直井段双层套管的力学模型。

美国 Tulsa 大学 Osgouei 等（2014）通过试验研究了环空流体的热物理性质对于环空压力的影响，试验结果分析采用降低环空流体中的固相与液相的密度差、降低环空流体导热系数、控制固相颗粒大小等方法达到减缓环空压力的目的。挪威 Stavanger 大学 Sui 等（2018）对地热井筒的中的各层套管、环空、水泥环进行了温度预测，并研究了各结构体中热物性参数的变化对井筒温度分布的影响。

## 1.3.2 深水油气井环空压力防治方法研究现状

针对深水油气井环空压力防治方法和控制技术的研究主要分为五大类，如图 1.5 所示：一是提高套管强度和钢级；二是消除密闭环空，如全封固井和采用尾管完井技术；三是释放环空圈闭压力，如水泥浆返至套管鞋以下、配置泄压短节、安装破裂盘；四是平衡流体热膨胀，如泡沫套管技术、氮气泡沫隔离液技术和安装套管附加腔室技术等；五是阻隔热量传递，如利用真空隔热油管和隔热封隔液等技术手段。其研究历程和发展现状如下。

1. 提高套管强度和钢级

该方法最为安全通用，通过提高套管的抗内压和抗外挤强度，增强套管抵抗环空圈闭压力带来的风险。然而该方法存在以下问题和不足：一是对于地层压力信息的预测精度要求高，现有技术有可能无法满足；二是对材料和工艺提出高要求，在强腐蚀性环境下对套管的选型具有一定限制；三是高强度与高钢级意味着成本的大幅度增加；四是从概念设计的角度，该方法只能缓解环空压力升高问题，而无法从根本上消除潜在的隐患。

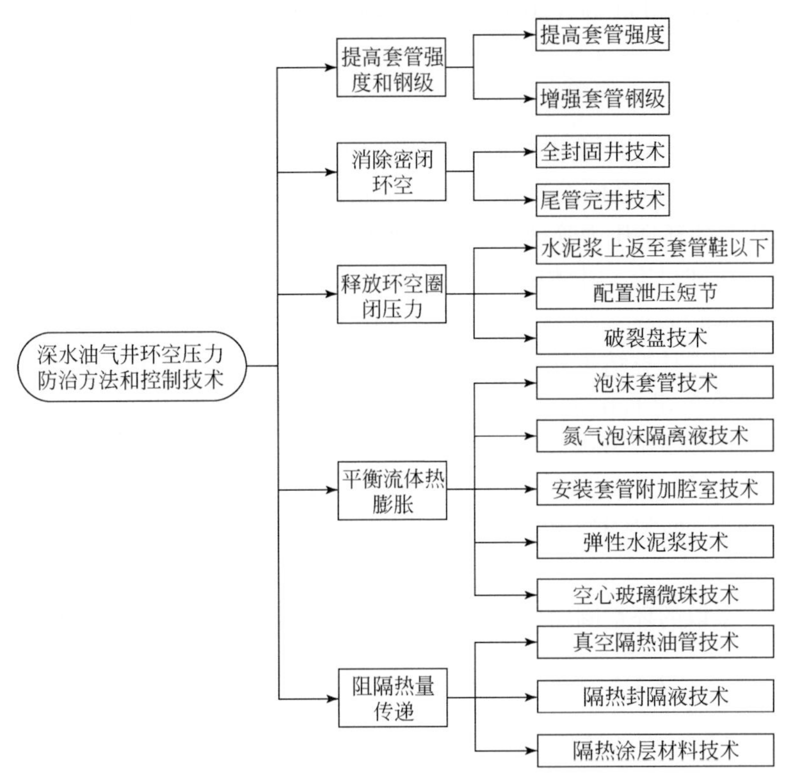


图1.5 深水油气井环空压力防治方法和控制技术

2. 消除密闭环空

为了消除密闭环空结构，可以采取全封固井和尾管完井技术。然而由于地层压力梯度的不确定性及深水固井条件的限制，无法在所有井身层级中采用全封固井，尾管完井同样无法满足所有井段，而且尾管段内也会存在环空压力升高问题；此外，不合格的固井质量会导致环空中水泥浆未完全被驱替干净，未被固结的环空流体仍然会因为热膨胀产生圈闭压力，并造成套管损坏。

3. 释放环空圈闭压力

环空圈闭压力产生的两个条件之一就是需要形成一个密闭的空间，因此将固井水泥浆上返至上层套管鞋以下井段时，密闭环空自动消失，流体热膨胀产生的多余体积释放到地层，保护套管结构。该方法成本低，效果明显，但是由于深水固井质量受多方面因素影响，水泥浆上返高度难以控制，不合格的固井水泥浆体系容易形成窜槽，封堵住上层套管鞋，形成密闭空间。同时水泥浆内的加重材料沉淀容易造成缺口的再次封堵。

4. 平衡流体热膨胀

美国Enertech公司的Leach和Adams（1993）首先提出了采用可压缩泡沫材料的方法来降低套管环空压力这一理念。该方法的原理就是利用了泡沫材料的高压缩性来吸收流体热膨胀所产生的多余体积，从而减缓环空压力的上升。目前Trelleborg、Balmoral、Cuming等国际服务公司均掌握了制作可压缩泡沫材料的核心技术，并形成了一系列的产品。2016

年，美国 Halliburton 的 Liu 等（2016）模拟了泡沫材料在弹性、平稳和致密化三个阶段的压缩过程。

5. 阻隔热量传递

真空隔热油管技术广泛应用在稠油热采井中，用于解决井筒温度过高导致的各类问题。英国 BP 公司的 Braddord 等（2004）、Eillis 等（2004）和 Gosch 等（2004）针对 Marlin 油田 A-2 井的环空压力管理事故，分别从事故原因、井身结构再设计和预防措施三个方面进行了分析和讨论，并测试了采用隔热油管降低环空压力上升速度这一措施的调控效果；美国 Thermal Science 公司 Azzola 等（2007）对隔热油管控压效果进行了室内模拟，发现试验结果与理论计算结果相符合，其中隔热油管的接箍对于隔热效果有重要的影响；2012 年，巴西石油公司 Ferreira 等（2012）针对隔热油管解决环空压力问题进行了研究，分析了隔热油管在环空带压状态下的应力状态。

### 1.3.3 主要控制技术方案

目前国际上采取的环空圈闭压力控制技术方案主要有以下 5 种，见表 1.1。

**表 1.1 国际上采取的环空圈闭压力主要控制技术方案**

| 编号 | 技术方案 | 说明 |
| --- | --- | --- |
| 1 | 钻井液上返于上层套管鞋以下 | 探井中会带来作业风险；开发井可以考虑采用已有应用实例 |
| 2 | 水泥上返到井口 | 深水作业中常采用水下井口和防喷器组，水泥上返到井口时有可能将防喷器组封固，影响防喷器组功能，并会造成其与井口解脱困难 |
| 3 | 设计排泄孔安装破裂盘 | 当环空压力达到一定数值时，套管柱上的破裂盘发生破裂，释放压力。破裂盘的设计承压能力有一定的限制，应该低于内层套管的抗外挤极限，从而起到保护内层套管的目的，应用广泛 |
| 4 | 提高套管强度 | 该方法是所有方法中最易实现的，但温度压力载荷过高时存在找不到合适套管的风险 |
| 5 | 环空内添加空心玻璃球或者注入可压缩液体；套管柱设计中使用可压缩性泡沫材料 | 该方法已得到广泛应用，在水深小于 300m 的海上油井中有很好的应用效果，水深大于 300m 时容易将玻璃球压破，故不适合深水，当压力达到一定程度时，可压缩泡沫材料，增加了环空体积，从而使环空压力下降 |

到目前为止，世界范围内应对深水井筒 APB 的常用或被认可的主要对策方案有以下 10 种，针对不同区域和技术条件，可以参考选取以下方案进行 APB 控制，以降低风险。

（1）提高套管钢级（enhanced casing design）。

（2）增加套管壁厚（increasing casing thickness design）。

（3）全封固井（full-height cementing）。

（4）采用尾管井身结构（liner cementing）。

(5) 水泥浆返至上层套管鞋以下（cement shortfall）。

(6) 安装破裂盘（rupture disc）。

(7) 可压缩泡沫材料（crushable foam wrap）。

(8) 氮气泡沫隔离液（compressible fluids）。

(9) 真空隔热油管（vacuum insulated tubing）。

(10) 隔热封隔液（insulating packer fluid）。

# 第2章 深水油气田开发方式特点

## 2.1 深水油气田开发方式

随着世界石油工业技术的发展，石油的勘探开发逐步走向深海领域，深海油气代表了当今世界石油开发的一大趋势，并成为世界各国竞争的热点。我国海洋油气资源潜力十分巨大，但与陆地石油勘探相比，深水油气勘探整体上处于早期阶段，同时与其他技术先进国家也存在较大的差距，加快深水油气开发已成为我国当前石油战略发展的重要课题。深水油气开采具有特殊性：海洋环境恶劣；离岸远；水深增加使平台负荷增大；平台类型多种多样；钻井、作业难度大、费用高、风险大；油井产量高。所以深水油气开发技术具有复杂的钻采系统，智能的操作系统，可靠的安全系统和以水下为主的开发模式。

由于深水油气资源丰富，深水油气田的平均储量明显大于浅海，单位储量的综合成本并不高，加之国际油价暴涨，因此越来越多的石油公司开始涉足深水油气勘探开发。深水石油开发在我国已是刻不容缓。随着海洋开采范围的日益扩大，陆上及浅海石油资源的日趋枯竭，深水石油开发已经成为石油工业的重要前沿阵地。

### 2.1.1 深水油气田开发概况

深水油气勘探的一般程序是首先进行地质浅剖分析和深层勘查分析，通过图像波纹判断浅层是否存在地质风险，目标层是否有油气资源。然后用钻井平台打作业井，采样本分析含油构造，采集多个样本进行总产量评估，进行成本核算，最后才决定是否开采。深水油气资源开发的难度和风险很大。

深水环境问题：作业环境水深、风急、浪大，作业船如何保持平稳操作，保证油气井筒的安全稳定是重点所在。在台风、巨浪中，必须保持作业平台稳定，让钻杆深入海底，不折断、不弯曲。深水油田的压力是海平面压力的2000倍以上，这导致深水油气温度超过200℃，并充满$H_2S$等腐蚀性物质，深水油气田的海洋平台整个都是钢管焊接起来的，海水的腐蚀性很强，如果不防护很容易生锈，增加了开采难度。而且将石油从海底输送到海平面需要大量特殊管线，深水钻井平台必须造得十分庞大，否则无法在海面上漂浮。我国的深水开发设备和技术距离形成系统作业和施工作业深水作业船队还有很大差距，深水核心技术仅掌握在少数几个国家手中，引进过程中存在技术壁垒；我国的技术水平目前来说还远远不能满足深水开发的实际需求，同时与之配套的深水作业能力还处于探索阶段。

深水石油的运输：当深水石油被开采出来后，先由海底石油集输管道、干线管道和附属的增压平台一起，将石油从深海送到海平面附近，然后用运油船或从陆地到海面的管道，将石油运到陆地上。两种方式成本都很高。铺设管道耗资巨大，但可多次使用。船运则要租借大型运油船，每次都花费较大。

成本问题：深水石油开采的成本很高，是陆地同等产能油井成本的 3 ~ 15 倍，深水钻探对后勤保障也提出很高要求。石油平台可能远在离陆地数百千米外，给工人运送食品、水和工具等物资带来很大困难。日本在海洋钻探时会让海上自卫队提供后勤及安全保障。

漏油风险：深水钻井存在的漏油风险也十分巨大。随着海上石油开采技术的不断进步，石油泄漏的风险已大大减小。海床上的自动切断阀、防止地层压力超过井内压力造成井喷的机械装备等技术的应用，降低了漏油风险，但是仍存在很大的隐患问题。并且由于深水油气开采技术起步较晚，技术的不成熟造成了海上应急处理技术、装备差距大；我们在应对海上溢油等重大事故时，需要对装备和技术进行改进，对一些特殊技术也需要加强研究，如轻质油膜回收技术和装备研制等。

## 2.1.2 深水油气田开发方案

1. 开采平台问题

在深水石油开发工作当中，深水平台是一个必不可少的工程，目前来说我国常用的深水浮式平台主要有 SPAR、SS、TLP、FPSO 等，随着深水平台的不断研究和发展，出现了一种新型的形态应用，即 S-Spar，其适用于 500 ~ 3000m 的石油开发工程，具有运动稳定性好、吃水深、水线面积小等特点，我国研究人员提出了一种新的应用方案，是在负压桶型基础上研究的一种适用于更深水的张力腿平台整体负压基础的方案，并且通过详细计算证明了可行性，为深水油气田开发平台的发展提供了理论基础。

2. 海底管线

在深水开发工程中，巨大的静水压力是一个主要障碍，除此之外，轴向拉力以及弯曲也影响管道安全性问题，在开采方案中采用了海底管道 S 形铺设方式，通过悬链线理论建立管道静平衡微分方程，理论分析计算管道整体形态，并且结合计算机技术开发了相应程序，能够对不同水深、管径、托管架长度等进行参数的计算，通过大量的计算和试验得出，混凝土配重层厚对管道铺设形态的影响几乎可以忽略，铺管船托管架底端倾角以及管径问题、控制力问题则对管道铺设形态影响较大，通过对管道铺设问题的研究能够有效地解决油田开发之后的运输问题。

3. 深水钻完井

深水钻完井的关键设备之一就是隔水管，隔水管的应用是为了隔离海水影响、引导钻具工作、循环钻井液等，并且隔水管连接了浮式钻井装置，在整个系统当中十分重要并且较为薄弱，这就需要对隔水管进行有效保护才能顺利完成钻井作业。提升我国隔水管的设计及应用就需要不断借鉴国内外先进经验，结合我国自身情况进行研究和试验，ABS 钻进技术很好地提升了深水作业能力，对我国深水钻井起到了推进作用。

4. 油气分离及水下储油

油气水的分析在油气的生产、运输、存储全过程中不可忽视，复合式分离方法目前得到了充分发展，通过重力、离心、膨胀的手段实现了油气水分离的试验，在海上现场的应用还需要不断研究，水下储油方式是一个伟大的设想，就是直接将海底开发的原油进行水下存储，生产区直接设立浮式系泊装置，这种储油方式打破了水深的限制，造价也不会由于水深而大大增加，适用于深海开发，并且水下储油方式相较于浮式储油结构强度要求更低，是一个重要的开发方向。

## 2.2　深水油气井的井身结构

深水油气井的设计需要充分考虑井身结构和地层温压梯度，除此之外还要考虑钻井平台、浅层地质灾害、钻井液情况、防漏措施等因素。

地质及地球物理所关注的问题是从探井获取最大化的信息资料，因此取心、测试和试井都是重要的技术手段，探井的目的是准确获取录井数据和岩心资料，对于开发井而言，精心选取油藏目标层，优化生产能力极为重要，油藏数值模拟更重要，一旦确定了油藏目标层和位置，即可开始生产井的轨迹设计，这就需要提供地质和构造深度等地质和地球物理数据。本书将根据深水油气井开发特点详细介绍深水油田套管设计的思想和方法。

### 2.2.1　井身结构

开发井井身结构主要分为三类，如图 2.1 ~ 图 2.3 所示。①直井第一类：9-5/8in[①] 套

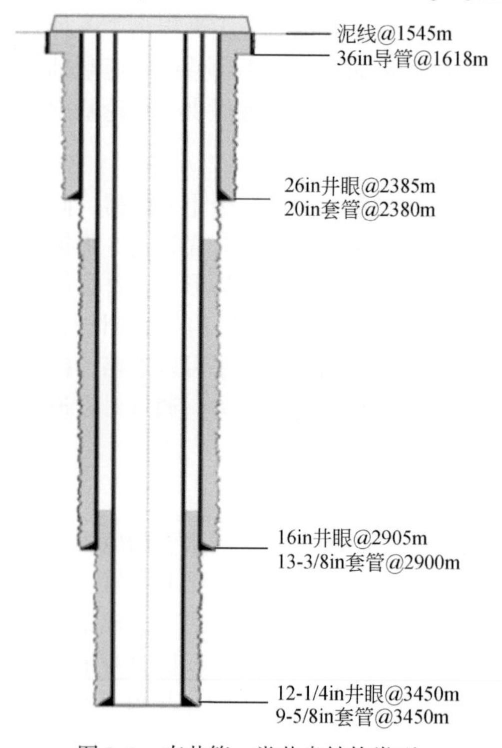


图 2.1　直井第一类井身结构类型

① 1in = 2.54cm。

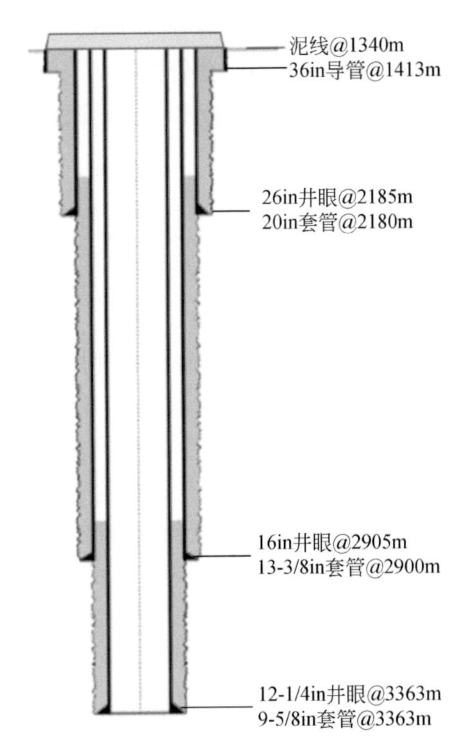


图 2.2 直井第二类井身结构类型

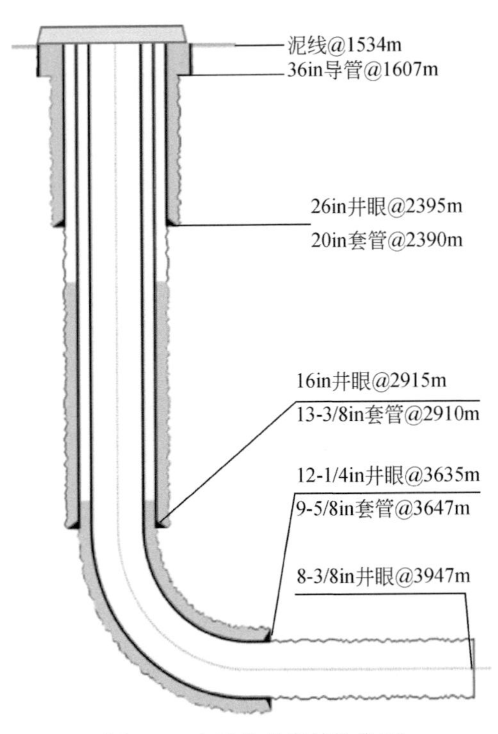


图 2.3 水平井井身结构类型

管水泥环返到上层套管鞋以内，13-3/8in 套管水泥环返到套管鞋以下。②直井第二类：9-5/8in套管和 13-3/8in 套管水泥环都返到上层套管鞋以内，与直井第一类井身结构的主要区别在于水泥上返高度是否位于套管鞋以上，若水泥上返高度位于套管鞋以上，则会形成 C 环空。③水平井水泥环上返情况同直井第一类。

## 2. 2. 2 深水油气井筒温压

一般而言，深水海域的压力体系主要是正常压力体系，目前就全世界范围来看，深水钻井过程中还未钻探到异常压力井，大量的理论研究和现场实践表明水越深破裂压力梯度越低，图 2. 4 显示水深越深浅层土体的破裂压力越低，当水深超过 300m，埋深 1000m 的土体破裂压力梯度小于 1. 2ppg①，这一点需要在设计中予以高度重视。水越深钻井液密度窗口越窄，这点也是深水钻井的几个挑战之一。在选定套管下入前，必须认真地确定破裂压力梯度，某些地区，破裂压力梯度使导管和表层套管柱的固井作业成为问题。深水的另外一个环境特点就是较低的海底温度，通常在 0 ~4℃，在我国南海海域和西非的几内亚湾海域，基本都在 3 ~4℃ （图 2. 5），在欧洲北海有些区域甚至达到-2℃，这不仅影响井控条件下的泥浆黏度，而且导致水合物的形成，在表层套管和导管的固井作业过程中，需要调整水泥配方，从而满足固井作业对于海底温度的要求。

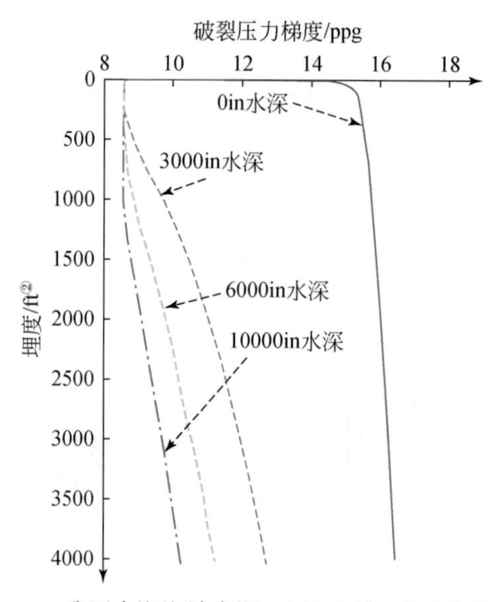


图 2. 4　我国南海海域水深-地层破裂压力对应关系

在开始套管设计前，还应充分考虑可能潜在的地质风险，如浅层流和浅层气问题，如果在选择井位时，无法将井位移开这些风险区域，则要制定相应的应急措施，然后才可以

① $1ppg = 0.1198g/cm^3$。
② $1ft = 0.3048m$。

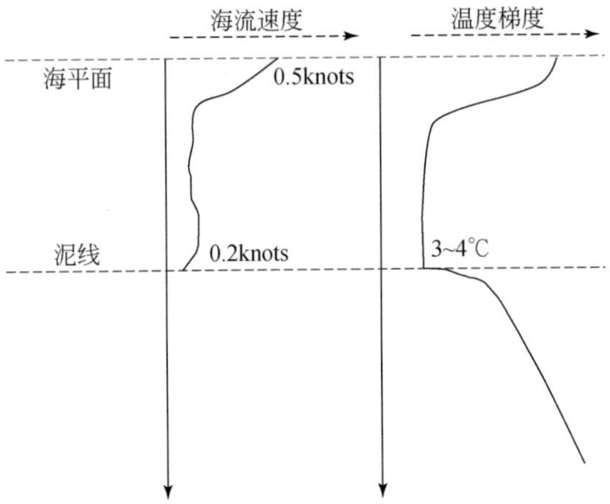

图2.5 我国南海海域海洋温度场分布

1knots为1节，约等于1.852km/h

进行套管设计，大多数的深水套管设计遵循常规的路线，探井采用自上而下的设计，而生产井采用自下而上的设计。大多数的探井和评价井均为垂直井，若要保留该井为生产井，则需要将其转变为水平井，从而实现低成本，因此在进行套管设计的时候应当考虑这一因素。

对于开发井而言，其目的是尽可能提高采收率，保证油井寿命，减少油井的修井频率，提高单井的波及面积，优化完井方式，减小钻井、完井工具的通径，合理设计生产油管的管径，实现最大化产量和最小化成本。

另外，还要考虑APB的问题，此问题是深水油气井生产过程中必须考虑的一个问题，浅水和高温高压井通常不考虑。由于海底温度较低，钻井作业时，泥浆循环过程中，对于套管之间的密闭环空的影响不大，一旦后期开始生产，井底温度开始升高（有时温差超过100℃），导致油套环空，两层套管之间的环空压力受温度升高的影响，压力升高，根据现场实测，压力可高达5000psi①，如果不采取必要的措施，势必会影响套管的完整性，造成套管的破裂，在设计过程中应予以重视。目前可以利用软件进行计算该压力，可以使用破裂盘、可压缩泡沫、充氮气水泥浆等措施进行缓解APB的问题。

对于开发井而言，一般也是参考探井的井身结构，同时结合地质油藏的要求，选择生产套管的尺寸，可以按照自下而上的方法进行井身结构设计。对于某些难度较大，钻井液密度窗口特别窄，常规的套管层次无法完成的情况，则需要考虑增加应急套管，如可以在36in套管和20in套管之间下入24in套管，20in套管内还可以下入16in套管，另外还可以采用膨胀套管、偏心钻头技术等，从而增加套管层次。还有一个很重要的问题就是，生产井中需要考虑环空压力聚集的问题。对于APB的处理，将贯穿于深水开发井井身结构设计的全过程。图2.6是某油田在其中一口井的套管环空中安装了先进的压力检测仪器，实际探测到的整个油井从完钻到开始正常生产这一时期环空压力上升的压力变化曲线。

① $1psi = 6.89476 \times 10^3 Pa$。

为了检测 APB 的上升，该井在井口以下不同的深度安装了两套温度和压力检测仪器，将数值传输到地面接收装置。图 2.6 左纵轴为温度，右纵轴为压力。整个过程中，环空压力随着环空温度的变化而变化，且趋势明显。施压作业中环空压力出现明显的峰值，但是温度没有升高，原因是当时在进行完井作业前，对修井立管和生产套管环空进行了试压，造成生产套管膨胀，从而引起环空压力上升了大约 40bar①。完井结束时进行清井，诱喷时，环空温度明显上升，压力也明显上升，最高达到了 210bar，随后关井，温度下降，压力也随之降了下来。

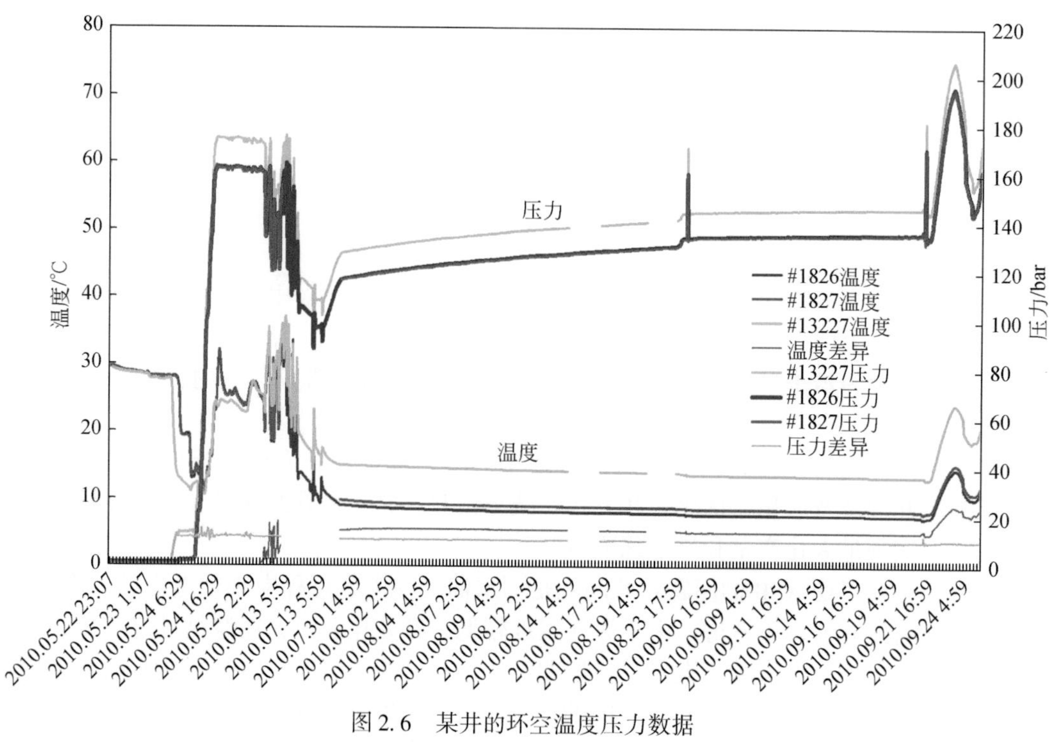


图 2.6　某井的环空温度压力数据

## 2.3　水下采油（气）树

随着海洋石油工业技术的发展，海洋石油技术从海面发展到了水下，从单井水下采油树发展到多井水下采油树，甚至全部油气集输系统都放到水下。

水下生产系统是 20 世纪 60 年代发展起来的，它利用水下完井技术结合固定式平台、浮式生产平台等设施组成不同的海上油气田开发形式。水下生产系统可以避免建造昂贵的海上采油平台，节省大量建设投资，受灾害天气影响较小，可靠性强。随着海上深水油气田及边际油气田的开发，水下生产系统在结合固定平台、浮式生产设施组成完整的油气田开发方式上得到了广泛应用。

---

① $1bar=1\times10^5Pa$。

## 2.3.1 水下采油树分类

采油树是位于通向油井顶端开口处的一个组件，包括用来测量和维修的阀门、安全系统和一系列监视器械。采油树连接来自井下的生产管道和出油管，同时作为油井顶端与外部环境隔绝开的重要屏障。它包括许多可以用来调节或阻止所产原油蒸气、天然气和液体从井内涌出的阀门。采油树是通过海底管道连接到生产管汇系统的。

采油树的分类形式较多，按安装位置分为水上采油树（放于平台甲板上）和水下采油树（放于海床上）；按安装方式分为立式（或垂直）采油树、水平（或卧式）采油树、插入式（或沉箱式）采油树，如图 2.7、图 2.8 所示；按结构形式分为干式采油树、湿式采油树以及干/湿式采油树；按井的布置分为卫星井采油树和底盘井采油树。

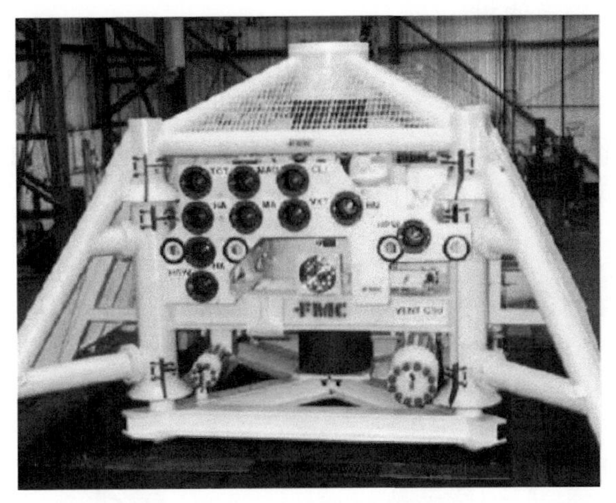


图 2.7　卧式湿式采油树

图 2.8　立式湿式采油树

现在最常用的水下采油树形式是湿式采油树，即采油树完全暴露在海水中。因为金属材料防海水腐蚀的性能、遥控装置的发展以及水下作业的水平越来越先进，而这种形式又是几种不同类型的采油树中相对简单的，因此逐渐为各油公司所选用。

所有的湿式水下采油树的基本部件及其功能都是相同的，这些部件主要由采油树体、水下井口、采油树与井口连接器、采油树与海底管线连接器、采油树阀件、永久导向基础、采油树内外帽、控制系统等。

湿式采油树的优点如下：①在一定水深范围内可由潜水员方便地对设备进行安装、维护和操作，无须服务舱等配套设备；②不需密封，可避免密封等方面的技术问题；③结构简单。

湿式采油树的缺点如下：①由于直接浸没在海水中，腐蚀严重，易受海底淤泥、海生物等的影响；②水深超过一定限度后结构复杂，成本也较高。

1. 立式（或垂式）采油树

立式采油树如图 2.9 所示（卢沛伟等，2015），采油树上的两个主阀（PSV，PMV）安装在井眼路径上，导致井径狭小，妨碍修井管串的通过。修井需要拆除采油树以便修井管串下入，使得修井作业复杂，修井成本大幅度上升。由于立式采油树成本相对低廉，水下使用维修困难，一般适用于检修工作量较小的气田生产。

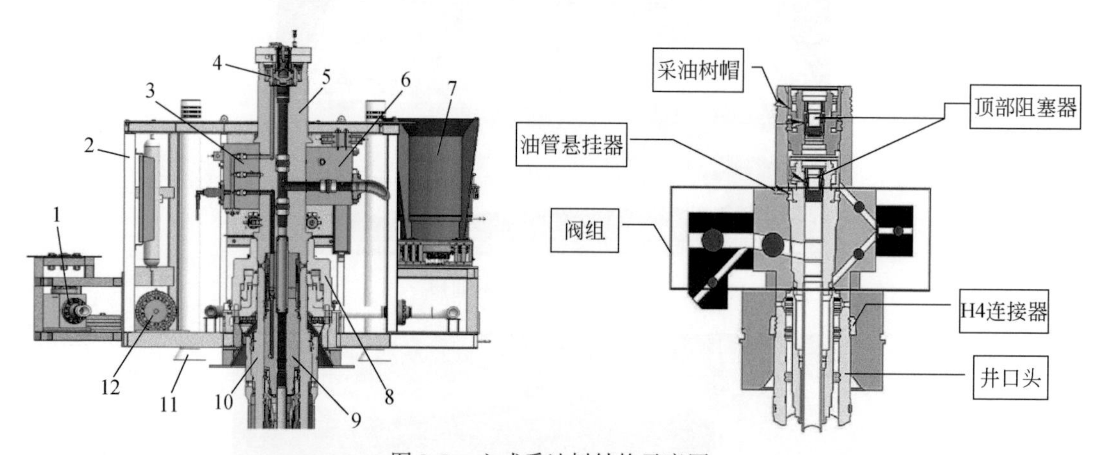


图 2.9 立式采油树结构示意图

1. 输出模块；2. 架体；3. 环空模块；4. 采油树帽；5. 树本体模块；6. 生产模块；7. 水下控制模块（PMV）；8. 液压连接器；9. 油管悬挂器；10. 水下井口；11. 导向柱；12. 生产截止阀模块（PSV）

2. 水平（或卧式）采油树

水平采油树的主阀（PMV）水平安装，如图 2.10 所示（卢沛伟等，2015），不妨碍修井管串的通过，在修井时一般不需要拆除采油树，只需拆除采油树帽即可提出包括油管悬挂器在内的井下管串，有利于修井作业的顺利进行。对于含油的油气田，由于修井周期较短，普遍采用水平采油树。

立式采油树和水平采油树的主要区别在于：

（1）立式采油树的阀门垂直地放置在油管悬挂器的顶端，而水平采油树的水平阀门在出油管处。

（2）立式采油树向下钻孔是通过水压或者电压从采油树的底部到油管悬挂器的顶端，而水平采油树向下钻孔则是通过油管悬挂器旁边呈辐射状的贯入器。

（3）立式采油树的油管和油管悬挂器在采油树之前安装，而水平采油树的油管和油管悬挂器则是在采油树之后安装。

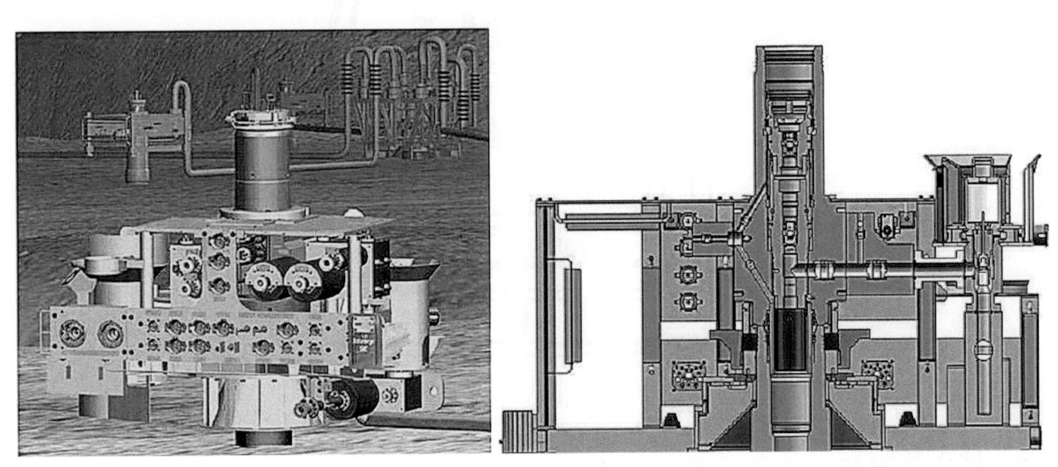

图 2.10　水平（或卧式）采油树

3. 插入式（或沉箱式）采油树

插入式采油树是把整个采油树包括主阀、连接器和水下井口全部布置于海床以下 9.1 ~ 15.2m 深的导管内，在海床上的部分很矮，一般高于海床 2.1 ~ 4.6m，而常规水下采油树高于海床 10.7m 左右，这样采油树受外界冲击造成损坏的概率就大大减小。

插入式采油树分为上下两部分，上部主要包括采油树下入系统、控制系统、永久导向基础、出油管线及阀门、采油树帽、输油管线连接器和采油树保护罩等。下部采油树包括主阀、连接器和水下井口等。但是插入式水下采油树的最大缺点是价格高于一般的湿式水下采油树 40% 左右，并且不能显示出比常规湿式水下采油树更突出的特点及广泛的适用性，因此其应用受到一定的限制。

4. 干式采油树

干式采油树如图 2.11 所示，它是将采油树置于一个封闭的常压、常温舱里，通常称为水下井口舱，维修人员可以像在陆地上一样在舱内进行工作。水下井口舱通过上部的法兰与运送人员和设备的服务舱连接，然后打开法兰下面起密封作用的舱孔，操作人员和井口设备通过该舱孔可进入水下井口舱进行工作。一般水下井口舱可以容纳 2 ~ 3 个人舒适地工作。

通常水下井口舱在无人状态下是充满氮气的，需要操作人员进入时，必须排出氮气并充入空气。对于干式采油树操作形式，水下井口舱和服务舱应配有几套生命维护系统，包括供氧系统、连续监测系统、取样系统及独立的安全系统。

干式采油树的优点如下：①可以不用潜水员而由一般的技术人员进行操作、安装和维护；②采油树工作环境条件好，工作可靠；③水深较大时，安装、维护和设备本身的费用

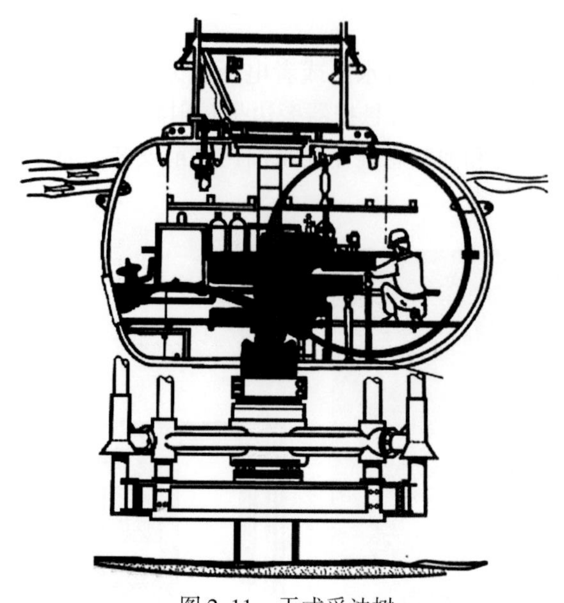

图 2.11　干式采油树

都低于湿式采油树。

干式采油树的缺点如下：结构复杂，需要很好的密封性，还需要复杂的潜水舱及配套的水上设备进行操作和维修。

干/湿式采油树的特点是可以进行干/湿式转换：当正常生产时，采油树呈湿式状态；当进行维修时，由一个服务舱与水下采油树连接，排空海水，将其变成常温常压的干式采油树。干/湿式采油树主要由低压外壳、水下生产设备、输油管连接器和干/湿式转换接头组成。低压外壳是一个按照规范设计的外压容器，其上部开孔，当要创造一个干式环境时，其配合环与干/湿式转换接头相接，形成封闭的容器；干/湿式采油树转换接头的外壳呈现锥形，操作时，底部与低压外壳的配合环连接，顶部与潜水服务舱连接，以后的工作方式基本和干式采油树相同。

## 2.3.2　水下基盘结构

1. 水下基盘的作用

（1）提供合适的井距，为钻井设备提供导引。

（2）减少钻井与开发之间的时间间隔，使油田能较早投产。

（3）井位比较集中，可节省管线，操作简便，容易保护，操作费用低。

（4）基盘适用于固定式采油平台、浮式采油平台、张力腿平台，还可用于钻井和采油，灵活方便，能使钻井速度加快。

2. 水下基盘的类型

1）定距式基盘

定距式基盘是一种井口座间距固定的小型基盘。其结构简单，在管线焊接的框架上有几个插座，供钻井导向用。定距式基盘又可分为自升式（图 2.12）和浮式（图 2.13）两种形式。

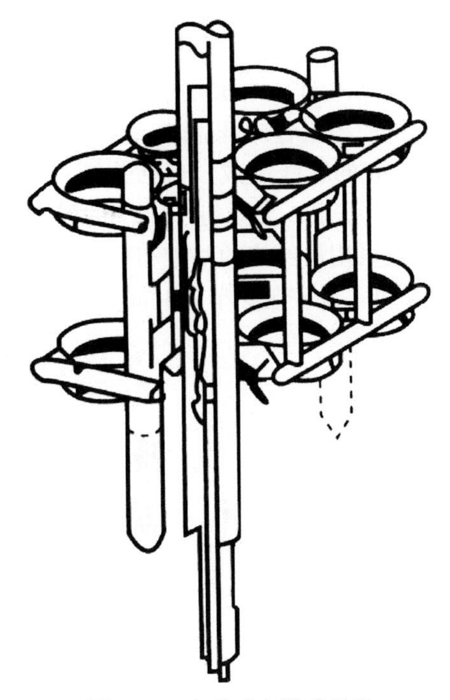

图 2.12　自升式定距式基盘

图 2.13　浮式定距式基盘

定距式基盘仅有一个调平永久导向底座为各井调平，要求海床坡度小于 5°，一般适用于井数不多（少于 6 口井）、水深小于 60m 的浅水海域。因此，这种生产系统只适用于生产管会合接到平台的形式，其他生产系统不推荐使用。

2）组合式基盘

当装卸基盘需要通过钻井船的“月池”，且油田特性和钻井数未知时，通常选用组合式基盘，这是一个“积木式”系统，一般能钻 2～6 口井，井数取决于基盘组合的数量。组合式基盘的优点是构造尺寸不大，灵活方便，投资费用低，加上悬臂基盘即可增加井数。

3）整体式基盘

整体式基盘是一种大型的、整体的、具有固定尺寸的基盘。当水深超过 61m，油藏特性和井数已知，海底条件不允许使用组合式基盘时，可采用这种基盘。

整体式基盘由直径大于 76cm 的管线制成，包括井槽、调平装置（液压调平千斤顶、调平底座等）、井口插座、导向索孔眼、支承桩、定位桩等。这种基盘允许调整井距，使其与要求的平台开口相遇，可以采用最经济的基盘和平台。其井数固定，可适用大数量的井，多达 20 口以上，其优点是可一次安装、节省时间。

# 第 3 章 深水油气井环空压力形成机理

## 3.1 传热基础

因为井筒的温度模型涉及传热学的一些基本概念，所以有必要先对传热的基本概念和基本机理作一个简单介绍。传热是由温差引起的能量转移，热量传递有三种基本方式：导热（热传导）、对流换热和热辐射，在一种介质内部或两种介质之间，只要存在温差，就必然出现传热过程。不同类型的传热过程被称为传热方式。当在静止的固态或液态介质中存在温度梯度时，发生的传热过程称为热传导。与此相反，对流则是指处于不同温度的物体表面和运动流体之间发生的传热过程。对于热辐射而言。具有一定温度的所有物体，其表面都以电磁波形式辐射能量，因此，当不存在中间介质干扰时，处于不同温度的两个表面之间进行净辐射热交换。

### 3.1.1 导热

物体各部分之间不发生相对位移，依靠分子、原子及自由电子等微观粒子的热运动而产生的热量传递称为导热（或称热传导），具体可参考李维特等（2004）的《热应力理论分析及应用》、李兆敏和黄善波（2008）的《石油工程传热学：理论基础与应用》。

导热现象的规律可以用傅里叶导热定律来总结：

$$\phi = -\lambda \, \mathrm{grad}t \tag{3.1}$$

式中，$\lambda$ 为比例系数，称为热导率，又称导热系数；$\phi$ 为热流量，表示单位时间内通过某一给定面积的热量，W；grad 为空间某点的温度梯度；负号表示热量传递的方向与温度升高的方向相反。导热系数是表征材料导热性能优劣的参数，即一种物性参数，其单位为 W/(m · K)。不同材料的导热系数不同，即使是同一材料，导热系数值还与温度等因素有关。

傅里叶定律用文字来表述是：在导热现象中，单位时间内通过给定截面的热量，正比于垂直于该截面方向上的温度变化率和截面面积，而热量传递的方向则与温度升高的方向相反。单位时间内通过单位面积的热流量称为热流密度（或称面积热流量），记为 $\boldsymbol{q}$，单位为 W /(m · K)，用热流密度矢量形式来表达傅里叶定律，其形式为

$$\boldsymbol{q} = \frac{\phi}{A} = -\lambda \, \mathrm{grad}t \tag{3.2}$$

式中，grad 为空间某点的温度梯度；$\boldsymbol{q}$ 为该处的热流密度矢量。

### 3.1.2 对流换热

对流换热方式可描述为热传导和流体宏观运动双重作用造成的能量传递过程。由于流体的宏观运动，流体各部分之间发生相对位移、冷热流体相互掺混从而引起热量传递过程。对流仅能发生在流体中，而且由于流体中的分子同时在进行着不规则的热运动，因此对流过程必然伴随有导热现象。

由于流体流动的起因不同，对流换热可以分为强制对流换热和自然对流换热两大类。强制对流换热是由风扇、泵或大气中的风等外部动力源引起的，而自然对流换热则是由流体内部的密度差引起的。受迫对流流速较自然对流高，因而换热系数较高。由于有自然对流，在流体中只有热传导的传热过程是很少见的。

尽管对流换热的具体情况不同，但对流换热的基本计算式可用下面的牛顿冷却公式来表示。

流体被加热：
$$q=h(T_w-T_f) \tag{3.3}$$

流体被冷却：
$$q=h(T_f-T_w) \tag{3.4}$$

式中，$q$ 为热流密度；$T_w$ 为壁面温度；$T_f$为流体温度；$h$ 为表面传热系数（薄膜传导系数或薄膜系数）。表面传热系数由附面层的状况决定，而附面层的状况又由壁面的几何形状、液体的运动特性，以及流体的一系列热力学性质和输运性质决定。因而表征对流换热强弱的表面传热系数是取决于多种因素的复杂函数，可表示为

$$q=f(u,l,\rho,\eta,\lambda,c_p) \tag{3.5}$$

式中，$u$ 为流速；$l$ 为换热表面的特征长度；$\rho$ 为密度；$\eta$ 为动力黏度；$\lambda$ 为导热系数；$c_p$ 为定压比热容。任何有关对流换热的研究，最终都归结为寻求确定 $h$ 的方法。

当黏性流体在壁面上流动时，由于黏性的作用，在靠近壁面的地方流速逐渐减小，而在贴壁处流体将停滞而处于无滑移状态。贴壁处这一极薄的流体层相对于壁面是不流动的，壁面与流体间的热量传递必须穿过这个流体层，而穿过不流动流体层的热量传递方式只能是导热。因此，对流换热量就等于贴壁流体层的导热量。

管内表面换热系数，一般利用试验手段得到。管内强制对流换热，试验使用最广的关系式为迪图斯-贝尔特公式：

$$N_{uf}=0.023\,R_{cf}^{0.8}P_{rf}^{n} \tag{3.6}$$

式中，$N_{uf}$为努塞尔数（壁面上流体的无量纲温度梯度）；$R_{cf}$为雷诺数（惯性力与黏性力之比的一种度量）；$P_{rf}$为普朗特数（动量扩散厚度与热量扩散厚度之比）。

加热流体时，$n=0.4$，冷却流体时，$n=0.3$，式（3.6）适用于流体与壁面具有中等以下温度差的场合，所谓中等以下温度差，其具体数字视计算准确程度而定，有一定幅度。一般来说，对于气体 $N_{uf}$不超过 50，水的 $N_{uf}$大致范围不超过 20～30，对于油类不超过 10，取管内径 $d$ 为特征长度。其中各无量纲数如下：

$$N_{uf}=\frac{hd}{\lambda_f} \tag{3.7}$$

式中，$h$ 为表面换热系数；$d$ 为管内径；$\lambda_f$ 为流体的导热系数。

$$R_{\mathrm{ef}}=\frac{\upsilon_1 d}{\nu_1} \tag{3.8}$$

式中，$\upsilon_1$ 为流速；$\nu_1$ 为运动黏度；$d$ 为管内径。

$$P_{\mathrm{rf}}=\frac{\mu_1 c_1}{\lambda_1} \tag{3.9}$$

式中，$\mu_1$ 为流体的动力黏度；$c_1$ 为流体的比热；$\lambda_1$ 为流体导热系数。

由式（3.7）可得

$$h=\frac{\lambda_1}{d}N_{\mathrm{uf}} \tag{3.10}$$

利用式（3.10）就可以求出井筒中的表面换热系数 $h$。

对流换热问题完整的数学描述包括对流微分方程组及定解条件，前者包括质量守恒、动量守恒及能量守恒这三大守恒定律的数学表达式。对于不可压缩、常物性、无内热源、忽略黏性耗散的二维问题，这一微分方程组如下。

质量守恒方程：

$$\frac{\partial u}{\partial x}+\frac{\partial v}{\partial y}=0 \tag{3.11}$$

动量守恒方程：

$$\rho\left(\frac{\partial u}{\partial \tau}+u\frac{\partial u}{\partial x}+v\frac{\partial u}{\partial y}\right)=F_x-\frac{\partial p}{\partial x}+\eta\left(\frac{\partial^2 u}{\partial x^2}+\frac{\partial^2 u}{\partial y^2}\right) \tag{3.12}$$

$$\rho\left(\frac{\partial v}{\partial \tau}+u\frac{\partial v}{\partial x}+v\frac{\partial v}{\partial y}\right)=F_y-\frac{\partial p}{\partial y}+\eta\left(\frac{\partial^2 v}{\partial x^2}+\frac{\partial^2 v}{\partial y^2}\right) \tag{3.13}$$

能量守恒方程：

$$\frac{\partial t}{\partial \tau}+u\frac{\partial t}{\partial x}+v\frac{\partial t}{\partial y}=\frac{\lambda}{\rho c_{\mathrm{p}}}\left(\frac{\partial^2 t}{\partial x^2}+\frac{\partial^2 t}{\partial y^2}\right) \tag{3.14}$$

式中，$F_x$、$F_y$ 为体积力在 $x$、$y$ 方向的分量。

作为对流换热问题完整的数学描述还应该对定解条件做出规定，包括初始时刻的条件及边界上的速度、压力及温度等有关的条件。第一类边界条件给定的是边界上的流体的速度分布，第二类边界条件给定的是边界上加热或冷却流体的热流密度，一般地说求解对流换热问题时没有第三类边界条件。

### 3.1.3 热辐射

热辐射是处于一定温度下的物体所发射的能量，虽然大多把注意力放在固体表面的辐射上，但液体和气体也可以发射能量。不管哪种形式的物体，都是由组成物体的原子或分子中的电子排列发生变化而引起热辐射。更进一步说，辐射场的能量是靠地磁波来传递的，并且要消耗辐射体的内能。由热传导或对流方式传递能量时，都必须有介质存在，而辐射传热则不需要介质。事实上，在真空中的辐射传热的效率最高。

试验表明，物体的辐射能力与温度有关，同一温度下不同物体的辐射与吸收能力也大不一样，物体表面的最大辐射流密度（$\mathrm{W/m^2}$），可由斯蒂芬森-玻尔兹曼定律求出，即

$$q=\sigma T_S^4 \tag{3.15}$$

式中，$T_S$是物体表面的绝对温度，K；$\sigma$为斯蒂芬森-玻尔兹曼常数，这种表面称作理想辐射体或黑体，实际表面的辐射流密度都小于理想辐射体，并由下式求出：

$$q=\varepsilon\sigma T_S^4 \tag{3.16}$$

式中，$\varepsilon$为物体表面的辐射性质，称为黑度，黑度表示与理想辐射体相比，物体表面辐射的有效程度。

式（3.16）确定了一个表面发射能量的速率，但要求出几个表面之间交换的净辐射流，一般来说更为复杂。但在实际中常常遇到一种特殊情况，就是一个小表面和一个完全包围它的并且大得多的表面之间的净辐射换热。这个小表面和包围它的大表面之间由气体隔开，但气体并不影响辐射传热。这两个表面之间的净辐射热流可以由下式表示：

$$q=\varepsilon A\sigma\left(T_S^4-T_{sur}^4\right) \tag{3.17}$$

式中，$A$为表面积，$m^2$；$\varepsilon$为其表面温度，K；$T_{sur}$为包围面温度。在这种特殊的情况下，包围面黑度和面积对净辐射热流没有影响。

## 3.2 深水油气井环空压力来源

套管环空压力形成的原因较多，但总体可以归结为三类：①热效应引起的环空带压（thermally induced pressure）；②套管环空持续带压（sustained casing pressure）；③作业需要施加在套管环空上的压力（operator-imposed pressure）。

1）热效应引起的环空带压

深水井在测试或者生产过程中由于热的地层流体在流经生产管柱时，热传导作用会对外部管柱环空流体产生加热现象，当环空圈闭的流体受热后无法膨胀释放压力时，两层管柱之间就形成圈闭压力，圈闭流体的温度及圈闭压力随产量的变化而变化。

2）套管环空持续带压

套管环空持续带压主要是由井筒管柱泄漏、井下工具失效、固井水泥封固差等导致不同环空互相连通引起的。如油管扣泄漏、封隔器失效、水泥未封固、水泥石破坏等。持续带压的压力源可能是任何渗透的产层、水层、浅层气层等。持续的环空带压要引起注意，如果不及早发现，并采取适当的措施进行管理会导致井筒完整性破坏或者井的报废。通常情况下A环空的持续带压主要是由生产管柱及管柱上的工具失效泄漏导致油管与A环空连通引起的。B环空及以外的环空带压通常是由环空钻井液中固相颗粒（主要是加重材料）沉淀引起钻井液比重降低，从而导致静液柱压力降低或者与内环空连通引起的。

3）作业需要施加在套管环空上的压力

作业需要施加在套管环空上的压力主要是在热采、气举等工艺过程中，或者进行环空压力检测诊断时需要施加在环空上的压力，这部分压力根据套管强度及公司标准进行管理。

## 3.3 深水油气井井筒半稳态温度场预测

深水油气田测试过程和生产初期，地层流体温度高达100℃以上，而海床温度仅为

2～4℃，两者相差大，在油气测试或生产时会使井口各层套管间环空圈闭流体受热膨胀而产生很大的附加压力载荷。因此，研究井筒温度分布规律对环空压力预测及控制有重要意义。

## 3.3.1 深水油气井温度分布特点

与常规陆地井不同，对于深水井，地层中的高温流体在生产管柱的流动分别经过了地层段和海水段。如图 3.1 所示。通常情况下，地层温度较高，海水温度较低，在海底泥线附近仅为 4～6℃，两者温度梯度相反。因此，对于深水井中生产管柱内流体的温度计算，要考虑生产管柱内的流体温度连续分布，且经过两种温度梯度（地层温度梯度和海水温度梯度）的井段。井底地层高温流体作为热源，温度保持不变，对于海面的大气温度为地表常温，产出的高温流体不与大气进行热交换。

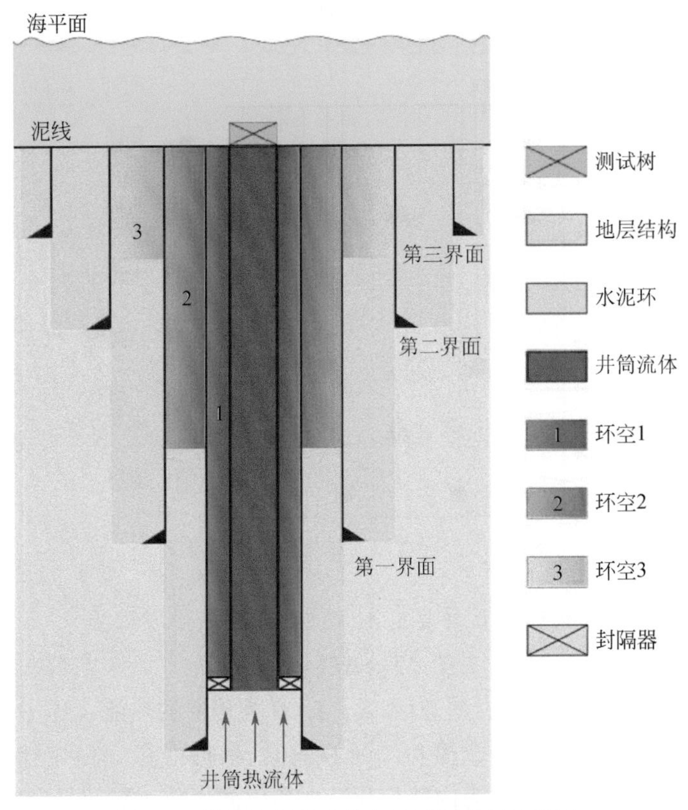


图 3.1 深水油气井井筒与地层温度场示意图

深水油气井一般采用水下采油树，井筒位于泥线以下且处于密闭状态，不受海水及海底压力波动的影响。地层流体沿井筒上升过程中只与同深度地层之间发生热传导。并且，对于水下井口，生产管柱外的 A 环空泄压阀通常处于关闭状态，海水段与地层段的 A 环空流体相互不受影响，流体温度只与生产管柱内的高温流体在产出过程中的径向传热有关。其他环空均为密闭环空，生产过程中，环空流体温度变化主要受生产管柱内高温流体径向传热影响。为简化计算，做出如下假设：①环空密闭且充满液体；②流体和管柱的物性参数不随温度发生变化；③水泥环厚度分布均匀且各层套管同轴分布；④生产稳定且忽略流体沿流动方向的热传递。

## 3.3.2 产出液纵向温度计算模型

深水油气井井身结构如图 3.2 所示，生产井由内向外的结构依次为油管、生产套管、多层技术套管、表层套管和导管，设计要求套管外的水泥环返至套管鞋以上。地层产出液与同一深度地层之间存在温度差，发生热传导。为简化计算做出如下假设：

（1）环空密封性良好且充满液体；

（2）流体和管柱的物性参数不随温度发生变化；

（3）水泥环厚度分布均匀且各层套管同轴分布；

（4）生产稳定且忽略流体沿流动方向的热传递。

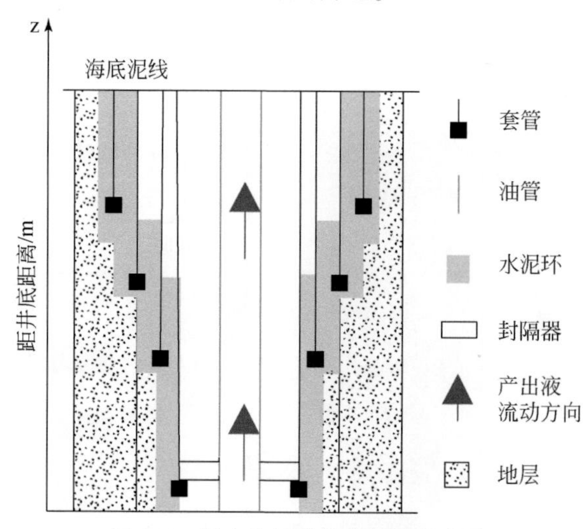


图 3.2　深水油气井井身结构示意图

基于以上假设，在井筒轴向上取微元 d$z$，该微元段能量方程为

$$\Delta H+\Delta E_{\mathrm{k}}+\Delta E_{\mathrm{p}}=\Delta Q-Q_{\mathrm{i}} \tag{3.18}$$

式中，$H$ 为焓，J；$E_{\mathrm{k}}$ 为动能，J；$E_{\mathrm{p}}$ 为势能，J；$Q$ 为传递的热能，J；$Q_{\mathrm{i}}$ 为内部功，J。

忽略产出液在上升过程中的摩擦功，则 $Q_{\mathrm{i}}=0$；根据能量守恒定律并结合假设可得 $\Delta E_{\mathrm{k}}+\Delta E_{\mathrm{p}}=0$；焓变 $\Delta H$ 可以分解为内能变化 $\Delta U$ 和压能变化 $V\Delta p$（$p$ 为压力，Pa；$V$ 为微元体积，m$^3$），由于微元段体积可以忽略不计，可得 $\Delta H=\Delta U$。综上所述，式（3.18）可以简化为

$$\Delta U=\Delta Q \tag{3.19}$$

对 $T_z+\mathrm{d}z$ 在 d$z$ 邻域内进行泰勒展开，取一级近似得 $T_z+\mathrm{d}z=T_z+\frac{\mathrm{d}T_z}{\mathrm{d}z}\mathrm{d}z$，则单位时间内流经微元体的产出液内能变化可以表示为

$$\Delta U = -W_f C_f \frac{dT_z}{dz} dz \tag{3.20}$$

式中，$W_f$ 为地层流体质量流量，kg/s；$C_f$ 为产出液比热容，J/(kg·℃)；$T_z$ 为进入微元体液体的温度，℃；$T_z$+dz 为流出微元液体的温度，℃。

在生产一定的时间以后井筒中的非稳态传热过程会呈现出一定的稳态特征，因此可以把热传导过程分为从油管中心到水泥环边缘的一维稳态传热和从水泥环边缘到地层的一维非稳态传热两个过程。则热能变化 $\Delta Q$ 可以表示为

$$\Delta Q = \frac{T_z - T_h}{R_{to}} dz \tag{3.21}$$

热能变化 $\Delta Q$ 与水泥环外边缘向地层传递的热量符合能量守恒定律，水泥环边缘到地层的一维非稳态传热过程可以表述为

$$\Delta Q = \frac{2\pi\lambda_e \ (T_h - T_e)}{T_D} dz \tag{3.22}$$

其中，

$$t_D = \frac{\lambda_e t}{\rho_e C_e r_h^2}$$

$$T_D = \sqrt{t_D} \ln \left[ e^{-0.2 t_D} + (0.3719 e^{-t_D}) \right]$$

$$T_e = T_0 - g_e z$$

联立式（3.19）~式（3.22）可得方程：

$$\frac{dT}{dz} + \frac{T}{A} = \frac{T_0 - g_e z}{A} \tag{3.23}$$

式中，$A = \frac{W_f C_f \left[ T_D + 2\pi\lambda_e R_{to} \right]}{2\pi\lambda_e}$；$T_h$ 为微元处水泥环外边缘温度，℃；$R_{to}$ 为径向传热总热阻，m·℃/W；$\lambda_e$ 为地层导热系数，W/(m·℃)；$T_e$ 为微元处地层温度，℃；$T_D$ 为无因次温度；$t_D$ 为无因次生产时间；$t$ 为生产时间，s；$\rho_e$ 为地层密度，kg/m$^3$；$C_e$ 为产出液比热容，J/(kg·℃)；$r_h$ 为井眼直径，m；$T_0$ 为井底处地层温度，℃；$g_e$ 为地层温度梯度，℃/m；$z$ 为计算处距离井底距离，m。

### 3.3.3 深水油气井环空温度计算模型

式（3.23）是地层产出液在油管中的温度分布，利用常数变易法求解可得

$$T_f(z,t) = T_0 + g_e(A - z) - C_e^{-z/A} \tag{3.24}$$

式中，$T_f$ 为微元处产出液温度，℃；$C$ 为待定系数，需要代入边界条件才能确定。由于深水油气井套管层次较多，不同深度范围的井筒结构不同，因此需要分段代入不同的边界条件以确定每段的待定系数。先计算第一段（从井底开始计数）的温度分布，第一段井筒边界条件如下：

$$T_f(z=0, t) = T_0 \tag{3.25}$$

其他各段边界条件可以表示为

$$T_f(z=z_i,t)_i = T_f(z=z_i,t)_{i-1} \tag{3.26}$$

式中，$i$ 为井筒分段编号，$i \geqslant 2$；$zi$ 为第 $i$ 井段的起始坐标，m。

联立式（3.21）和式（3.22）可得水泥环外边缘与地层交界面处温度计算公式：

$$T_h = \frac{T_D T_f + 2\pi\lambda_e R_{to} T_e}{T_D + 2\pi\lambda_e R_{to}} \tag{3.27}$$

根据井筒内一维稳态传热的假设可以计算井筒内部任意深度和任意半径处的温度：

$$T(z,\ r,\ t) = T_h + \frac{T_f - T_h}{R_{to}} R_{zro} \tag{3.28}$$

式中，$R_{zro}$ 为计算点到水泥环外边缘的热阻，m·℃/W。

井筒可以简化为由套管壁、水泥环和环空流体组成的多层组合圆筒体，公式中热阻的计算方法如下：

$$R = \frac{1}{\pi h d_{ti}} + \sum_{j=1}^{n} \frac{1}{2\pi\lambda_j} \ln \frac{d_{jo}}{d_{ji}} \tag{3.29}$$

式中，$h$ 为对流传热系数，W/(m·℃)；$d_{ti}$ 为油管内径，m；$n$ 为套筒层数，无因次；$\lambda_j$ 为第 $j$ 层套筒的导热系数，W/(m·℃)；$d_{jo}$ 为第 $j$ 层套筒的外径，m；$d_{ji}$ 为第 $j$ 层套筒的内径，m。

## 3.3.4 环空温度敏感性分析

深水油井在开采过程中多层环空温度升高与很多因素有关，包括油井产量、生产时间、地温梯度、产出液的物理和热学性质等。了解各因素对环空温度的变化特征，有助于准确预定环空圈闭压力、制定合理的开采计划和必要的压力释放方案。

1. 油井产量

油井产量是另一个影响环空温度变化的重要因素。图 3.3 展示了产量与环空温度变化平均值之间的关系。当产量低于 500m³/d 时，环空温度升高值随着产量急剧增加；随后，当产量由 500m³/d 逐步提高至 2000m³/d 时，环空温度升高值由 50℃缓慢提高到 70℃。

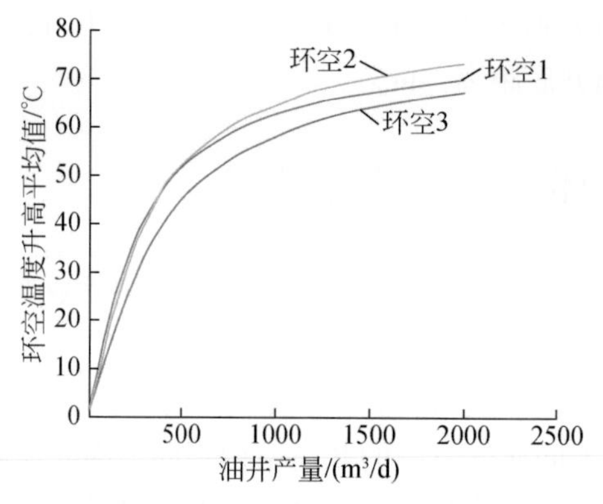


图 3.3 不同环空温度升高平均值与油井产量的关系

油井产量主要通过两个方面影响环空温度，即对流换热系数与参与热传递的可利用能量多少。地层流体在油管中的流动属于强迫对流换热，采出液与油管间的对流换热系数直接影响地层高温流体与环空之间的热量传递。J. Liu 的研究表明，对流换热系数与油井产量密切相关，基本呈正比关系。

所以环空温度随着产量的提高而增高。另外，更高的油井产量意味着更多的地层流体可以参与到热传递中。因此，环空温度升高值随着产量的增加而增加。

2. 油井生产时间

图 3.4 为生产时间与环空温度升高平均值之间的关系，揭示了环空温度与开采时间的一个重要特征，即环空温度升高主要发生在油井开采初期。因此，当单井产量大于某一值时可认为地层流体在沿井筒上升过程中温度不发生变化。

这种现象与两个重要因素有关。一方面，在开采初期，开采出的高温流体与环空温差较大，有利于热量传递至环空。随着油井的开采，环空温度逐步升高，采出液与环空温差逐渐变小直至趋于平衡，环空温度亦趋于稳定。另一方面，地层热阻会随着油井的开采而逐渐增大，即环空至地层的热量损失逐步降低。因此，环空温度升高在油井开采初期较为明显，在开采一段时间后，环空从高温流体所吸收的热量与环空传递至地层的热量损失达到近似平衡，环空温度趋于稳定。

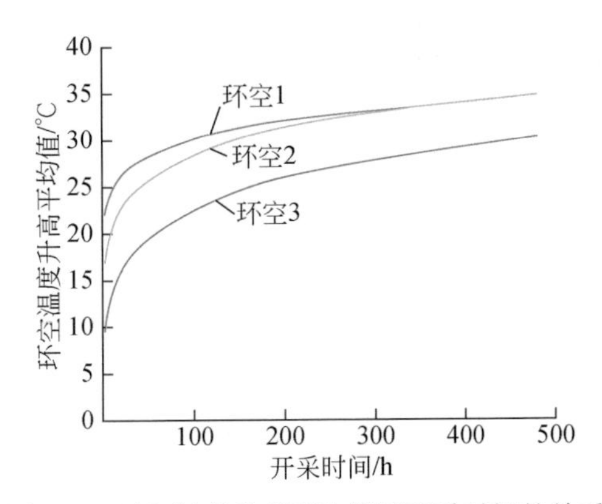


图 3.4 环空温度升高平均值随开采时间的关系

3. 地温梯度

正常情况下，地温梯度大约 0.03℃/m。很多海上油田地温梯度较高，甚至高于 0.04℃/m，比如西非部分海上油田区块、巴西海上某些海上油田及我国南海莺琼盆地。因为地层流体是井筒内温度上升的能量来源，地温梯度决定了地层流体初始温度的大小，所以在这些海上高温油田进行油气开采时，环空液体更易受热升高，由于热膨胀效应产生较高的环空压力，给油井安全带来巨大隐患。图 3.5 表明随着地温梯度的增加，环空温度升高平均值随之增加，近似呈线性增加关系。

4. 地层产出流体热物理性质

地层流体的热物理性质，如传热系数、体积热容等也会对环空温度的变化产生重要影响。以体积热容为例，体积热容为液体密度与体积之间的乘积，代表单位体积物质温度升高 1℃时所吸收的热量。石油、水及天然气之间的体积热容存在较大差异。例如，石油的体积热容是天然气的上千倍之多。同时，开采出的地层流体往往不是单一组分的，而是石

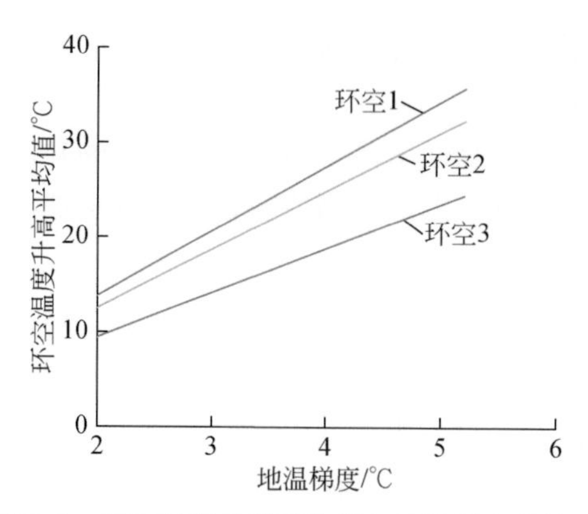


图 3.5　环空温度升高平均值与地温梯度的关系

油、水以及天然气的混合物。因此，开采出的地层流体（石油或天然气）的体积热容可能为 50～4000kJ/(m³·℃) 或更高。由图 3.6 可以看出，随着体积热容的增加，环空温度升高平均值与体积热容基本呈线性关系。

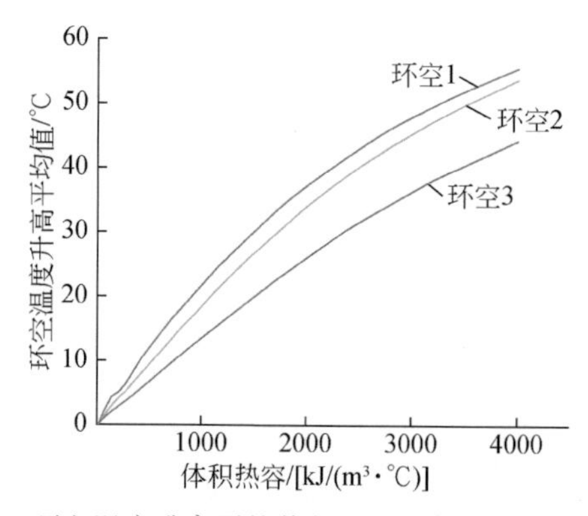


图 3.6　环空温度升高平均值与地层流体体积热容的关系

## 3.4　深水油气井井筒瞬态温度场预测

虽然前面建立的深水油气井开采期间的半稳态环空压力预测模型有效改善和解决了环空压力计算结果严重偏高的问题，但是只有在油井投入生产一段时间以后才能获得较好的结果，不能有效反映油气井生产初期的环空温度和环空压力变化特征。因此，本章旨在建立一种可以揭示油气井生产初期的瞬态环空压力预测模型。首先分井段建立井筒瞬态温度模型，并采用 Crank-Nicolson 差分格式求解；其次基于瞬态井筒温度模型，考虑生产过程中套管受热产生的径向膨胀和位移变化导致的环空体积变化，建立一种环空压力瞬态预测模型。

### 3.4.1　半稳态环空压力模型

对深水油气井开采期间半稳态环空压力预测模型在热膨胀系数和等温压缩系数选取、

井筒多层环空传热、环空不同深度下温度变化对最终环空压力贡献的不同三个方面做了改进与优化，提高了环空压力预测结果的精度、有效改善和解决了环空压力计算结果严重偏高的问题。然而，半稳态环空压力计算方法主要基于半稳态井筒传热假设，即油管内高温地层流体至井筒外边缘的热传递为稳态，而井筒外边缘至地层的传热为瞬态。半稳态井筒传热假设被广泛使用，该方法具有使用简便，在生产一段时间后的时间里可以取得较好的效果。

然而，半稳态环空压力计算模型在生产初期结果偏高的原因是其建立在半稳态井筒传热假设基础之上，把油管内开采出来的高温地层流体至水泥环与地层交界面处的传热视为稳态而非瞬态。当井筒内只存在一个环空时，油管内开采出来的高温地层流体中的热量可以较为迅速地传递至地层。在这种情况下，认为油管中开采出来的高温地层流体至水泥环与地层交界面处的传热为稳态是相对合理的。而当井筒中存在两个或三个环空时，油管和水泥环外边缘距离大大增加，其热阻也随之增加。因此，油管中开采出的高温地层流体热量传递至水泥环与地层交界面处需要更多的时间并最终达到稳态。所以，半稳态环空温度和环空压力预测方法在油井生产初期的计算结果往往偏大，不能反映生产初期的环空温度及环空压力变化趋势。

建立一种瞬态环空温度和环空压力预测模型有助于掌握油井生产初期环空温度和环空压力的变化动态，有利于为环空压力升高提供早期预警。另外，也可以根据生产初期环空压力动态变化情况，制定合理的油井产量，并提前制定相应的压力释放措施，保证油井安全、可持续开采。

## 3.4.2 瞬态环空温度预测模型

与半稳态环空预测模型不同，瞬态环空预测模型从地层流体至地层传热的各层介质均视为瞬态。图 3.7 为半稳态和瞬态井筒传热对比示意图。

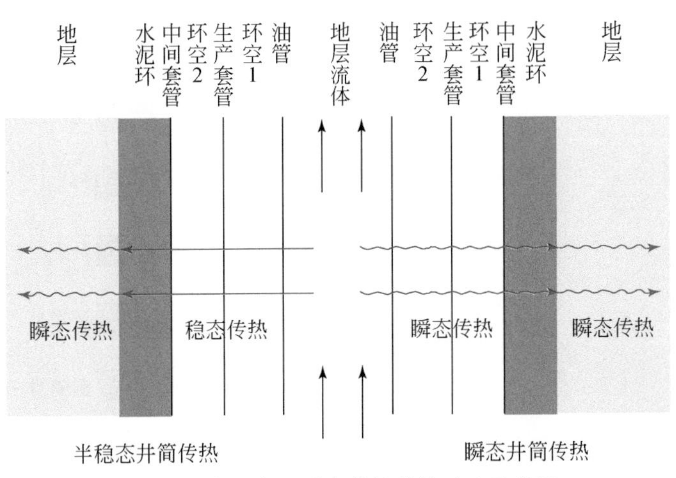


图 3.7 半稳态和瞬态井筒传热对比示意图

1. 瞬态环空温度预测模型基本假设

为了建立瞬态环空温度预测模型，需要建立相关假设条件，以下假设条件在井筒温度场计算中被广泛使用：

（1）地层无限大，且地层温度梯度已知。

（2）地层均质、各向同性、物理和热学性质（如密度、导热系数、热扩散系数）为定值，不随深度和时间的变化而变化。

（3）地层中的热量传递仅沿径向以热传导的方式进行，且满足傅里叶热传导定律，忽略轴向和径向的热传导。

（4）开采的地层流体为单相液体，环空中充满钻井液。

（5）环空中及油管中的液体在油井投入生产之前，其温度与周围地层温度相同。

2. 基本控制方程

海底，特别是深水海底泥线附近温度通常较低，约为4℃。在海上油井投入生产前，密闭环空中钻井液与其周围环境温度相同，温度较低。当高温地层流体采出时，油管中的高温地层流体和环空中低温钻井液形成较大的温差。随着生产的进行，环空中的液体逐步被加热。环空中无法容纳因热膨胀效应而产生的体积膨胀，最终导致环空中的压力迅速升高。

与半稳态环空温度计算模型类似，建立瞬态环空温度计算模型时同样需要考虑不同深度处环空数量不同引起的传热差异。如图 3.8 所示，在第 1 部分只存在一个环空，油管和

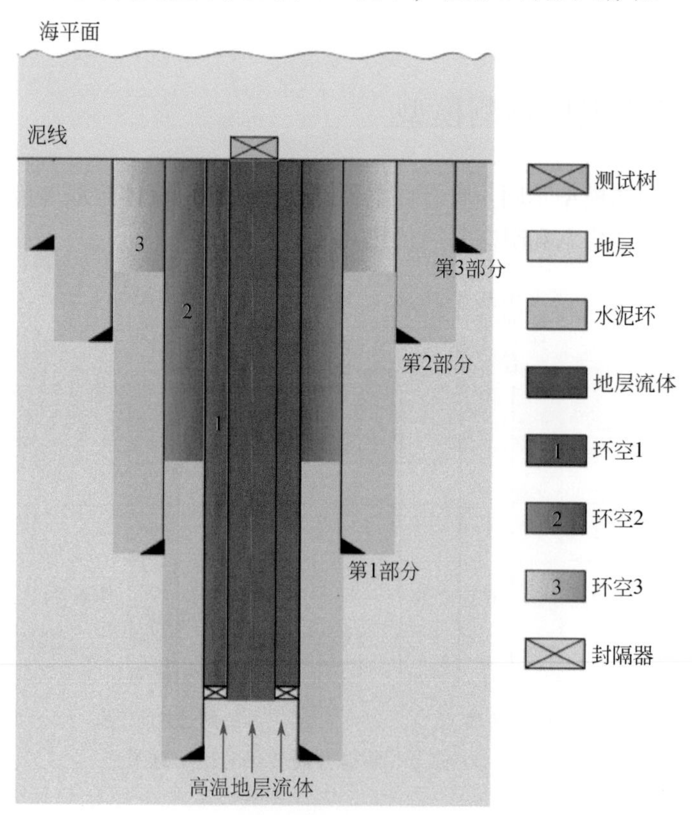


图 3.8　深水井筒多层环空传热示意图

生产套管之间产生的环空 1。油管中高温地层流体与地层的热量传递需要经历油管内壁的对流换热、环空 1、生产套管、水泥环和地层的导热。而在第 2 部分和第 3 部分，油管中高温地层流体与地层的热量传递则分别要经过环空 2、环空 3 以及中间套管和表层套管等的导热。

(1) 油管内地层流体控制方程以存在一个环空时（如图 3.2 中第 1 部分）为例，取长度 dz 分析。单位时间内流入该微元体的热量为 $\phi_{in}$，流出微元体的热量为 $\phi_{out}$，地层流体与油管的热量交换为 $\phi_a$，如图 3.9 所示。

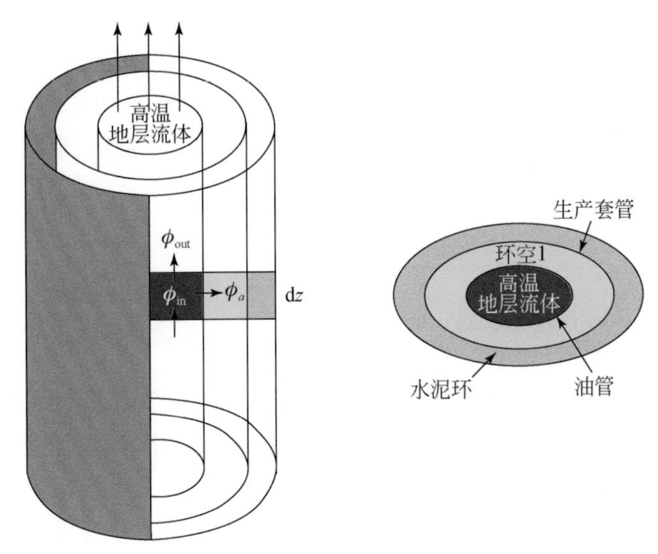


图 3.9 环空热量平衡示意图

其中，

$$\phi_{in}=\rho u\pi r_1^2 CT \tag{3.30}$$

$$\phi_{out}=\rho u\pi r_1^2 C\left(T+\frac{\partial T}{\partial z}dz\right) \tag{3.31}$$

$$\phi_a=2\pi r_1 h\ (T-T_w)\ dz \tag{3.32}$$

$$\Delta\phi=2\rho u\pi r_1^2 CT\frac{\partial T}{\partial t}dz \tag{3.33}$$

根据能量守恒原理可得：

$$\phi_{in}=\phi_{out}+\phi_a+\Delta\phi \tag{3.34}$$

式（3.30）~式（3.33）带入式（3.34）得

$$-\rho u\pi r_1^2 C\frac{\partial T}{\partial z}-2\pi r_1 h\ (T-T_w)\ =\pi r_1^2\rho C\frac{\partial T}{\partial t} \tag{3.35}$$

式中，$\rho$ 为地层流体的密度，kg/m$^3$；$u$ 为地层流体的流速，m/s；$r_1$ 为油管内半径的大小，m；$T$ 为流入单元体界面的温度，℃；$T_w$ 为油管内壁与地层流体接触面的温度，℃；$C$ 是流体比热容，J/(kg·℃)。$h$ 为对流换热系数，W/(m·℃)。

(2) 各层套管、环空及地层内的控制方程，热量在各层套管、环空及地层中热传递的方式为热传导。在直角坐标系下，导热微分方程为

$$\frac{\partial T}{\partial z}=\alpha\left(\frac{\partial^2 T}{\partial x^2}+\frac{\partial^2 T}{\partial y^2}+\frac{\partial^2 T}{\partial z^2}\right)+\frac{q_v}{\rho C} \tag{3.36}$$

式中，$q_v$为物体内具有的内热源强度，W/m$^3$。

## 3.5 深水油气井环空压力预测

环空圈闭压力是由地层内的高温流体在生产过程中加热生产管柱，将热量传至未被水泥石封固的密闭环空中致使密闭环空流体受热膨胀引起的。为确保深水油气井井身结构和管柱强度符合长期安全稳产的要求，建立了基于能量守恒定律和多层圆筒壁传热原理的深水油气井井筒温度分布计算模型。并且从形成及机理可以看出，油藏与海底温度、流体性质与生产流速、井身结构与套管材质以及固井水泥返高等因素对环空圈闭压力变化有一定程度的影响，因此，研究深水井多因素影响下环空圈闭压力预测及控制有重要意义。

### 3.5.1 环空压力计算模型

在深水油气井生产或测试过程中，油管和套管之间、套管和套管之间所产生的环空压力均不是人们所希望的。尽管在套管设计阶段考虑了井口套压对套管柱设计的影响，但在深水油气开采中还是会发生由环空压力升高引起的套管破裂，严重影响井筒完整性及油气的可持续开采。比较典型的是在 1999 年，BP 公司在墨西哥湾井开采数小时后，套管因环空压力骤升而引起套管和油管的损坏，严重影响了油井的安全可持续开发。在陆地上，环空压力可以根据需要，很容易地释放掉。而在海洋，特别是深水油气开采过程中，人们很难释放环空中因温度升高而产生的环空压力。

目前计算密闭环空压力变化的方法有刚性空间法和基于 PVT 状态方程的相关方法。以上方法难以计算多环空情况下的压力，因此需要根据深水油气井的结构特点提出新的计算方法。密闭环空增压原理类似于地质学中的“水热增压”作用，即井筒受热温度升高以后，环空和环空内的液体体积同时发生改变，液体与套管之间的热物性差异导致环空的有限体积难以容纳受热膨胀以后的液体。为满足体积相容性，环空压力上升对液体体积产生压缩效应，从而使液体实际体积与环空体积相等，可以表述为

$$\Delta V_{ft}=\Delta V_{fp}+\Delta V_a \tag{3.37}$$

其中，

$$\Delta V_{ft}=\alpha V_f \Delta T$$

$$\Delta V_{fp}=k V_f \Delta p$$

式中，$\Delta V_{ft}$为液体受热膨胀改变的体积，m$^3$；$\Delta V_{fp}$为环空压力增加液体改变的体积，m$^3$；$\Delta V_a$ 为环空改变的体积，m$^3$；$V_f$ 为环空液体体积，m$^3$；$\alpha$ 为液体等温膨胀系数，℃$^{-1}$；$\Delta T$ 为温度上升平均值，℃；$k$ 为液体等温压缩系数，MPa$^{-1}$；$\Delta p$ 为压力上升值，MPa。

根据式（3.37）可得压力变化为

$$\Delta p=\frac{\alpha}{k}\Delta T-\frac{\Delta V_{\mathrm{a}}}{kV_{\mathrm{f}}} \tag{3.38}$$

深水油气井中环空体积变化 $\Delta V_{\mathrm{a}}$ 由两部分组成，一部分是套管受热导致环空内外径发生改变引起的，一部分是因为套管壁两侧压力发生改变形成压差进而套管壁发生径向位移产生的。根据圆筒受热形变和弹塑性力学的相关知识可得如下公式：

$$\Delta r=r\left[\frac{\Delta\sigma_{\theta}-\mu\ (\Delta\sigma_{r}+\Delta\sigma_{z})}{E}+\alpha_{\mathrm{s}}\Delta T\right] \tag{3.39}$$

根据拉梅公式和广义胡克定律：

$$\Delta\sigma_{r}=\frac{r^{2}r_{\mathrm{i}}^{2}-r_{\mathrm{i}}^{2}r_{\mathrm{o}}^{2}}{r^{2}\ (r_{\mathrm{o}}^{2}-r_{\mathrm{i}}^{2})}\Delta pi+\frac{r_{\mathrm{i}}^{2}r_{\mathrm{o}}^{2}-r^{2}r_{\mathrm{o}}^{2}}{r^{2}\ (r_{\mathrm{o}}^{2}-r_{\mathrm{i}}^{2})}\Delta p_{\mathrm{o}}$$

$$\Delta\sigma_{\theta}=\frac{r^{2}r_{\mathrm{i}}^{2}+r_{\mathrm{i}}^{2}r_{\mathrm{o}}^{2}}{r^{2}\ (r_{\mathrm{o}}^{2}-r_{\mathrm{i}}^{2})}\Delta pi+\frac{r_{\mathrm{i}}^{2}r_{\mathrm{o}}^{2}+r^{2}r_{\mathrm{o}}^{2}}{r^{2}\ (r_{\mathrm{o}}^{2}-r_{\mathrm{i}}^{2})}\Delta p_{\mathrm{o}}$$

$$\Delta\sigma_{z}=\frac{2\mu\ (r_{\mathrm{i}}^{2}\Delta p_{\mathrm{i}}-r_{\mathrm{o}}^{2}\Delta p_{\mathrm{o}})}{r_{\mathrm{o}}^{2}-r_{\mathrm{i}}^{2}}-E\alpha_{\mathrm{s}}\Delta T$$

式中，$\Delta r$ 为套管径向位移，m；$r$ 为计算点处半径，m；$\mu$ 为套管泊松比，无因次；$E$ 为套管弹性模量，MPa；$\Delta\sigma_{r}$ 为径向应力变化值，MPa；$\Delta\sigma_{\theta}$ 为周向应力变化值，MPa；$\Delta\sigma_{z}$ 为轴向应力变化值，MPa；$r_{\mathrm{i}}$ 为套管内径，m；$r_{\mathrm{o}}$ 为套管外径，m；$\alpha_{\mathrm{s}}$ 为钢材的线性膨胀系数,$℃^{-1}$；$\Delta p_{\mathrm{i}}$ 为套管内侧压力变化值，MPa；$\Delta p_{\mathrm{o}}$ 为套管外侧压力变化值，MPa。

根据式（3.39）可计算环空截面的面积变化值，积分可得整个环空体积变化值：

$$\Delta V_{\mathrm{a}}=\int_{z_1}^{z_2}(\Delta r_{\mathrm{ao}}^{2}+2r_{\mathrm{ao}}\Delta r_{\mathrm{ao}}-\Delta r_{\mathrm{ai}}^{2}-2r_{\mathrm{ai}}\Delta r_{\mathrm{ai}})\mathrm{d}z \tag{3.40}$$

式中，$z_1$ 为环空起始位置，m；$z_2$ 为井口，m；$r_{\mathrm{ao}}$为环空外径，m；$r_{\mathrm{ai}}$为环空内径，m。

套管两侧的压力由相邻环空的压力变化值决定，可以采用如下方法对压力变化值进行计算：

（1）假设各个环空为刚性空间，即 $\Delta V_{\mathrm{a}}=0$；

（2）按照式（3.38）计算各环空压力；

（3）把第（2）步所得压力值所代入式（3.39）和式（3.40）计算环空体积变化；

（4）根据式（3.38）重新计算各个环空压力值；

（5）若重新计算而得的环空压力与代入的环空压力符合误差要求，则计算结束，否则把第（4）步的压力计算值返回第（3）步，重新执行第（3）~第（5）步。

## 3.5.2 热膨胀系数和等温压缩系数随温度的非线性变化

对于密闭的环空而言，因热膨胀效应引起的环空压力占环空压力的80%以上。这个现象表明热膨胀效应引起的环空压力与环空液体温度升高值和环空液体热膨胀系数（$\alpha_1$）与等温压缩系数（$K_{\mathrm{T}}$）之比有关。本章介绍了深水多层环空时的环空压力半稳态预测模型，利用该模型可以方便地求得油井投入生产过程中环空温度变化值。为了研究热膨胀系数和等温压缩系数随温度的变化关系，假设环空密闭且套管是刚性的，可得

$$\frac{\alpha_1}{K_T}=\frac{\Delta T}{\Delta p} \tag{3.41}$$

图3.10为密闭容器装有不同密度（单位：g/cm³）的水的情况下，容器中温度和压力的关系。从图中可以明显地看出温度和压力呈非线性变化，在温度较低时表现得更为明显。在A点时，水的温度和压力分别为：10℃和6.21MPa。当水的温度加热至26.67℃时，其压力升高至13.79MPa（B点）。当温度由26.67℃达到43.33℃时，密闭容器中的压力达到27.58MPa。密闭容器中水的温度由10℃加热到26.67℃（A→B），其压力升高了7.58MPa。而同样将温度升高16.67℃（B→C），其压力却升高了13.79MPa。在相同的温度升高值下，密闭容器中产生的压力，后者是前者的近两倍。可见，温度和压力的非线性变化对环空圈闭压力的计算至关重要。

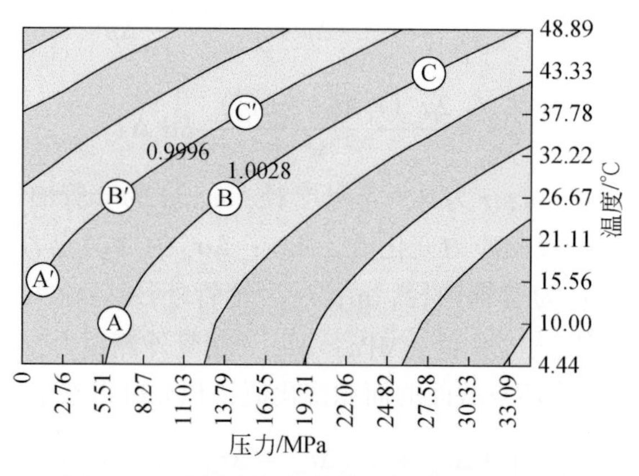


图3.10 不同密度水的压力和温度变化关系

表3.1给出了水在0.1MPa时，温度由10℃升高至90℃时的热膨胀系数和等温压缩系数的变化关系。由表3.1可以看出，当温度由10℃变化至90℃时，水的热膨胀系数明显升高，增加了十多倍；而等温压缩系数则基本不变。另外，水的热膨胀系数和等温压缩系数之比$\alpha_1/K_T$与温度密切相关，而基本不受压力的影响，如在70℃时，水的$\alpha_1/K_T$是在10℃的7倍之多。50℃时，水的压力由0增加至67MPa时，$\alpha_1/K_T$仅变化了9%。为了简化计算，认为$\alpha_1/K_T$仅是温度的函数：$\Delta T=\alpha_1/K_T$。为了获得水的热膨胀系数和等温压缩系数之比与温度的关系，对数据进行回归拟合，如图3.11所示。

**表3.1 水的热膨胀系数和等温压缩系数（0.1MPa）**

| 温度/℃ | $\alpha_1$/($10^{-6}$/℃) | $K_T$/($10^{-6}$/MPa) | $\alpha_1/K_T$/(MPa/℃) |
|---|---|---|---|
| 10 | 88.0 | 478 | 0.18 |
| 20 | 206.8 | 459 | 0.45 |
| 30 | 303.2 | 442 | 0.68 |
| 40 | 385.3 | 442 | 0.87 |
| 50 | 457.6 | 442 | 1.04 |
| 60 | 523.1 | 445 | 1.18 |

续表

| 温度/℃ | $\alpha_1$/($10^{-6}$/℃) | $K_T$/($10^{-6}$/MPa) | $\alpha_1/K_T$/(MPa/℃) |
|---|---|---|---|
| 70 | 583.7 | 452 | 1.29 |
| 80 | 641.1 | 461 | 1.39 |
| 90 | 696.3 | 477 | 1.46 |

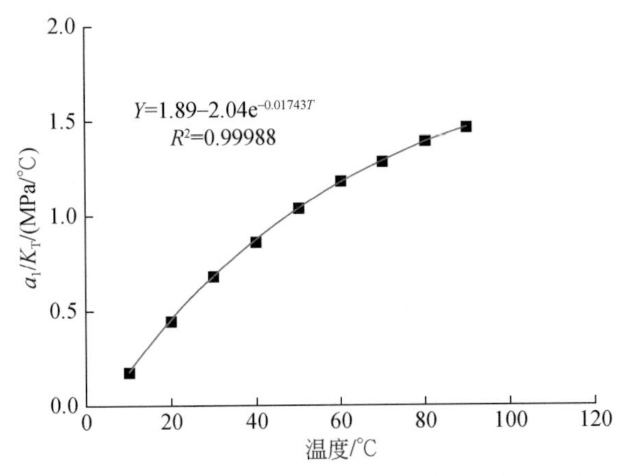


图 3.11 水的热膨胀系数和等温压缩系数之比与温度的关系

图 3.11 表明水的热膨胀系数和等温压缩系数之比和温度呈现较好的线性指数关系，可用式（3.42）表示两者之间的关系。

$$\frac{\alpha_1}{K_T}=1.89-2.04\ e^{-0.01743T} \tag{3.42}$$

尽管对于某些特定的钻井液和完井液体系，人们可以对其进行相关测定，通常情况下，对于环空中的钻井液或完井液，这个比值是未知的。在环空压力研究中，人们常用水的热膨胀系数和等温压缩系数（表 3.1）来近似代替环空中钻井液的热膨胀系数和等温压缩系数，如 R. C. Ellis、张百灵等，但用水的参数代替实际环空液体的参数，会导致计算结果偏高。

P. Oudema 对一口高温高压井环空压力瞬态变化特征进行了现场测试。测试井为海上一口新完钻的评价井。测试时在生产套管与中间套管之间的环空放置一个记录温度和压力的测量仪。测量仪器距离泥线约 114m，可以有效防止海水温度的影响。现场测试结果如图 3.12 所示。

现场测试结果表明：常规理论模型计算得到的环空压力高于实际情况下的值，且温度越高，理论模型与实测值之间的误差越大。这种误差的产生，很难用环空体积膨胀来解释。Oudeman 和 Kerem（2004）分析后认为，在环空压力计算过中，有两方面原因导致理论模型计算值偏大：一方面，环空钻井液热膨胀系数和等温压缩系数使用的是水的相关参数，其比值高于实际环空内钻井液热膨胀系数与等温压缩系数的比值；另一方面，虽然测试井水泥环上返至上层套管鞋以上，形成了密闭环空，但是随着生产的进行和环空内压力的升高，在水泥环和套管之间会形成一些微小裂缝。

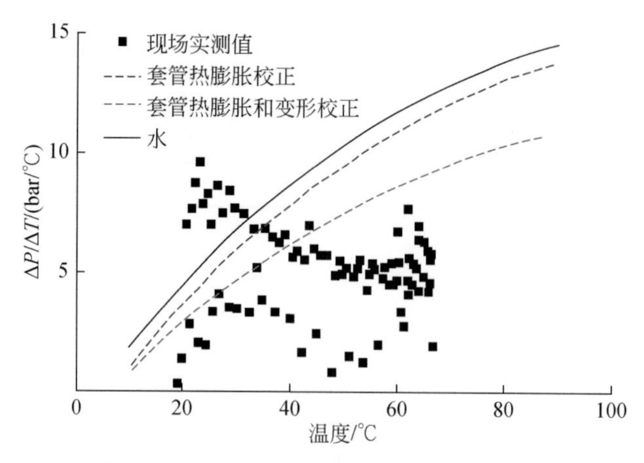


图 3.12　$\Delta P/\Delta T$ 与温度变化的现场测试数据

当环空中压力升高时，环空中的液体可以通过这些微小裂缝渗漏至地层中，一定程度上降低了环空压力值。

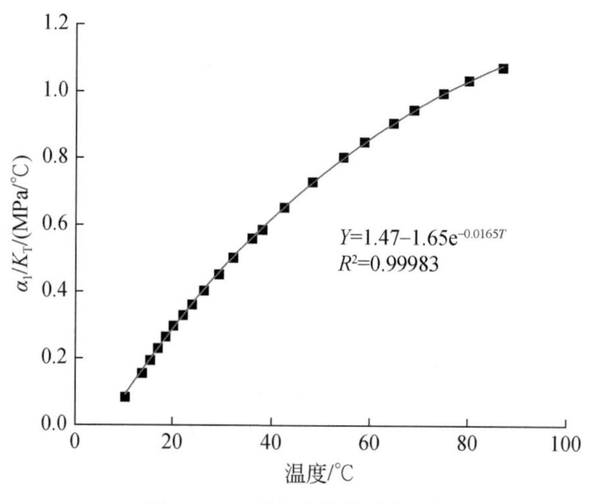


图 3.13　环空液体拟合结果

为了使半稳态环空压力预测模型更加准确、符合现场实际生产情况，我们采用套管热膨胀和变形校正后 $P/T$ 与 $T$ 之间的关系式。只考虑温度对环空压力的影响时。对图 3.13 中套管热膨胀和变形时 $\Delta P/\Delta T$ 随温度变化曲线拟合可得

$$\frac{\alpha_1}{K_T}=1.47-1.65\,e^{-0.0165T} \tag{3.43}$$

## 3.5.3　环空压力敏感性因素分析

环空压力上升过快严重威胁气井管柱的安全，并给气井的日常管理维护带来沉重的负担。为控制环空压力的上升速度、保证气井的管柱安全，有必要对各影响因素进行分析以

制定合理的控制措施。

1. 环空液体物性参数的影响

1）环空液体气体溶解度和可压缩性

图3.14为不同初始溶解度和等温压缩系数条件下环空压力随时间的变化曲线。由图3.14可见，初始溶解度为3.0m³/m³的压力曲线相对于基础数据（初始溶解度为0.7718m³/m³）曲线向右平移，而压力的上升过程未发生改变。图3.14中环空液体等温压缩系数为0.002MPa⁻¹时的压力上升速度明显低于其值为0的曲线，同一时刻的压差最高达到26MPa。由于环空压力在平稳上升期只是无限接近但无法达到极限压力，因此选取0.95倍的环空极限压力作为指标计算环空压力达到指定值所需要的时间。

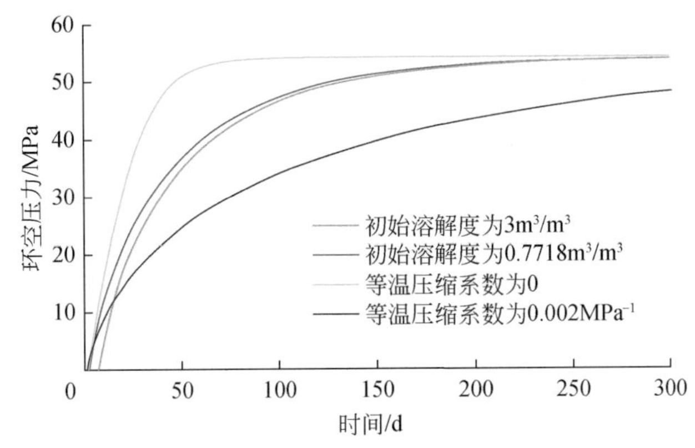


图3.14 不同初始溶解度和等温压缩系数条件下环空压力随时间的变化曲线

基于以上分析，环空液体的气体初始溶解度对压力上升过程没有影响，而增加环空液体的压缩系数能够有效延长环空压力到达指定压力所需的时间，也就意味着环空压力上升速度的减缓。从控制环空压力上升的角度来看，环空中应配置压缩系数较高的液体，考虑到环空中的气体体积也随着压缩系数的提高而增加，并且过多的气体会增加放喷作业的风险和难度，环空液体的压缩系数也不宜无限制地增加。

2）环空液体导热系数

图3.15是环空压力随油套环空（环空A）液体导热系数的变化曲线，可以看出：①环空压力随环空液体导热系数降低而减小。这是由于环空液体导热系数的降低增加了井筒径向传热热阻，减缓了环空温度上升速度。②当环空液体导热系数大于0.60W/(m·K)时，不同情况下曲线差异较大，最高差值可达40.19MPa，其中产液量的影响尤为显著；当导热系数小于0.20W/(m·K)时，差异显著减小，约在0.05W/(m·K)时，基本处于同一数值范围。较小的环空液体导热系数对环空压力具有较好的调控效果。

3）环空饱和度

环空饱和度即环空液体与环空的体积比。环空容纳了固井以后残留的液体和窜流产生的气体，其体积大小会对环空压力的上升过程产生影响。由图3.16可见，同一时刻环空体积为52.85m³的曲线其压力值明显低于环空体积为49.85m³的曲线。

上述分析表明，通过增加环空体积来提高环空体积与环空液柱体积的差值能够有效延

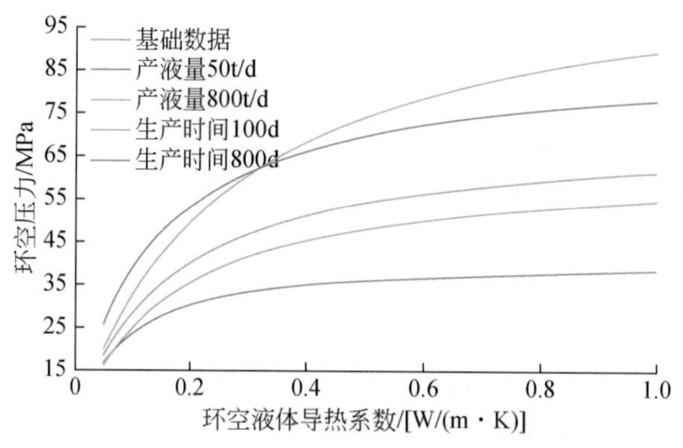


图 3.15　环空压力与环空液体导热系数的关系曲线

长环空压力的上升时间。考虑到环空气体过多会增加放喷的难度，环空体积不能无限增加，应具有一个最佳值，并且调整环空饱和度能够有效控制甚至消除环空压力。

基于延缓环空压力上升过程和控制放喷作业难度的考虑，环空体积的确定方法如下：①确定最大环空压力允许值和气体体积；②根据环空液体性质和井身结构数据，绘制如图 3.16 所示的曲线；③根据环空最大允许气体体积确定对应的环空体积和液柱体积差值；④根据环空体积确定相应条件下的压力上升规律，便于气井的维护管理。

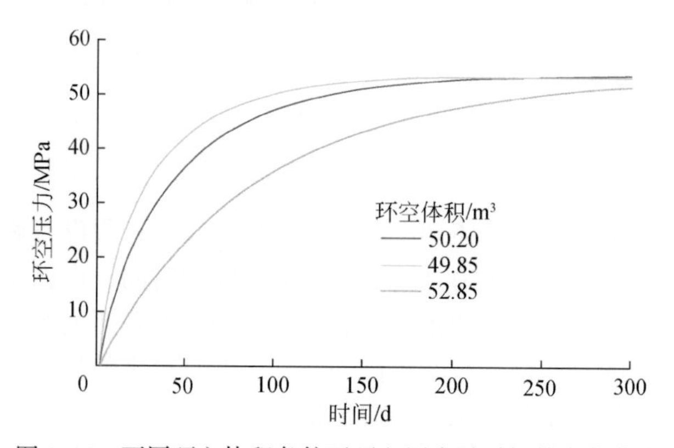


图 3.16　不同环空体积条件下环空压力随时间的变化曲线

2. 水泥环返高的影响

图 3.17 为水泥环返高和水泥环综合渗透率对环空压力的影响。对比图中不同水泥返高条件下的曲线可知，环空压力的上升速度和极限值随着水泥返高的增加而增加。为对地层高压气体进行有效的封堵，高压气井一般采用全井段固井，即环空水泥返至井口。因此高压气井中的水泥环一旦遭到破坏形成窜流通道，所产生的环空压力远大于水泥返高较低的情况。所以全井段固井的高压气井要格外重视水泥环的封固质量，尽量选用具有自修复功能的水泥。

3. 地层产出液的影响

1）油井产量

图 3.18 显示了日产液量对环空压力的影响，可以看出环空压力对不同范围的日产液

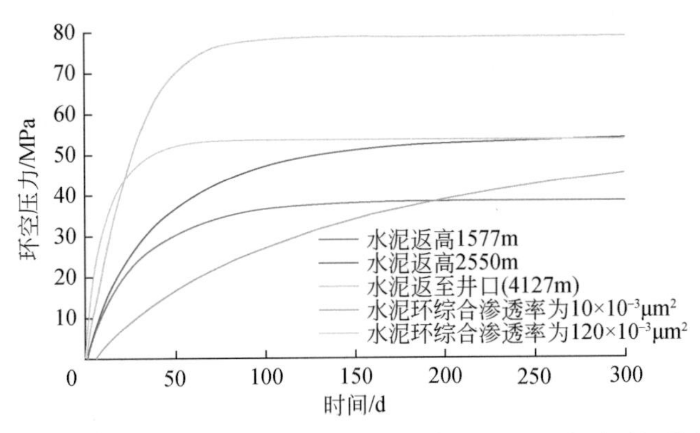


图 3.17 不同水泥返高和水泥环综合渗透率条件下环空压力随时间的变化曲线

量敏感度不同。以图中基本数据曲线为例，产液量由 50t/d 增加到 200t/d，环空压力增加 29MPa；而当产液量从 500t/d 增长到 800t/d 时，环空压力仅增加 3.64MPa。

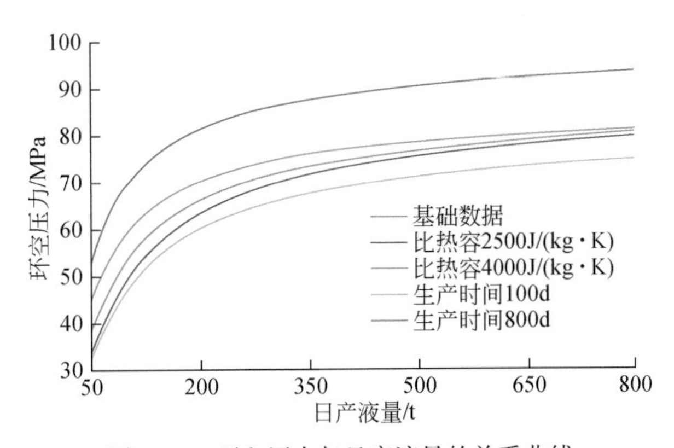


图 3.18 环空压力与日产液量的关系曲线

2）油井产出液温度

生产实践证明环空压力与产出液井口温度之间存在相关性。产出液是井筒温度场再分布的热量来源。由图 3.18 可知，环空压力随产出液井底温度呈线性增加，不同条件下的曲线仅斜率发生轻微变化。因此，深水高温油气井要重视密闭环空压力带来的风险。

## 3.5.4 环空压力现场简单计算模型

APB 的预测因受到各种因素的影响变得非常复杂，在国外的实际现场应用中 APB 可以应用一简单的公式来做近似计算。APB 预测的基础是压力-温度-体积（PVT）三者之间的关系。在不考虑任何气泡存在的条件下，在充满液体的金属封闭环境中，因热膨胀增加的压力计算如下：

$$\Delta P=\frac{\alpha}{k}\Delta T \tag{3.44}$$

式中，$\Delta P$ 为圈闭液体的压力变化值，psi；$\Delta T$ 为温度变化值，℃；$\alpha$ 为液体的热膨胀系数，bbl[①]/℃；$k$ 为液体的压缩系数，bbl/psi。

在深水固井中，由于环空中流体通常是多种流体的混合体，其热膨胀系数和压缩系数通常情况下是不确定的，只有在特别的情况下才能够被测量。大多数情况下，$\frac{\alpha}{k}$近似取决于当时水的性质。水（1bar 时）在不同温度下的相关性质如表 3.2 所示。从图 3.18 中可以看出，$\frac{\alpha}{k}$有一个很大的变化，在 80℃时的比值大约是 10℃的 8 倍。因此，造成环空压力的增加随着温度的增加而快速增加，即每增加 10℃，压力约增加 8.5Mpa。

**表 3.2　水在大气压条件下不同温度条件下的相关热力学性质**

| 温度/℃ | $\alpha$/($10^{-6}$/℃) | $k$/($10^{-6}$/bar) | $\alpha/k$/(bar/℃) |
| --- | --- | --- | --- |
| 10 | 88.0 | 47.8 | 1.8 |
| 20 | 206.8 | 45.9 | 4.5 |
| 30 | 303.2 | 44.8 | 6.8 |
| 40 | 385.3 | 44.2 | 8.7 |
| 50 | 457.6 | 44.2 | 10.4 |
| 60 | 523.1 | 44.5 | 11.8 |
| 70 | 583.7 | 45.2 | 12.9 |
| 80 | 641.1 | 46.1 | 13.9 |
| 90 | 696.3 | 47.7 | 14.6 |

考虑圈闭流体为气体时温度变化对其造成的影响。假设气体为理想气体，压力-温度-体积（PVT）三者之间的关系如式（3.45）所示：

$$\frac{P_1V_1}{T_1}=\frac{P_2V_2}{T_2} \tag{3.45}$$

以空气为例，初始温度 27℃和初始压力 2000psi（13.8Mpa），温度增加 10℃时，压力变化如下：

$$P_2=(37+273)/(27+273)\cdot 13.7895=14.3\text{Mpa} \tag{3.46}$$

由式（3.46）可知，压力只增加 0.5Mpa。只相当于自来水压力增加的 1/17。因此，加入环空流体压缩性较大，可以大幅降低环空圈闭流体的压力。

对比国内外 APB 预测方法，国外的预测模型假设套管不发生形变，环空压力只受环空流体的热膨胀作用，该计算模型所需参数较少，方便现场快速简单计算；国内的预测模型考虑到内层套管被压缩，同时也考虑到外层套管的膨胀作用，即考虑到环空流体的热膨胀和环空体积的变化两者共同作用，该计算模型更接近现场实际情况，预测 APB 较准确。但由于所需参数较多，模型计算不方便。

① 1bbl=0.159$m^3$。

# 3.6 环空压力对井筒完整性的威胁

近年来，国内外石油行业针对环空压力造成的复杂情况的案例报道一直持续不断。在陆地、自升式平台以及 SPAR 平台上，井口采油树均在水面以上，并且与环空联通，因此 APB 通常可以通过泄压阀进行释放。但在深水油气田开发中，由于受水深影响，密闭环空中的 APB 无法有效地释放，当其升高到套管强度屈服极限时，很可能造成套管挤毁或破裂，进而会对井筒完整性带来严重的危害。

## 3.6.1 环空压力危害概述

美国矿产资源管理局（United States Bureau of Mineral Resources）统计了美国外大陆架区域油气井环空带压情况，发现该区域大约有 8000 多口井存在一个或多个环空同时带压情况，大约有 50% 环空带压是发生在生产套管和油管间的环空，10% 环空带压是发生在中间套管和生产套管间的环空，30% 环空带压是发生在表层套管和中间套管间的环空。而且随着这些井采期的不断延长，环空带压总井数所占的百分比会不断增加，见图 3.19。

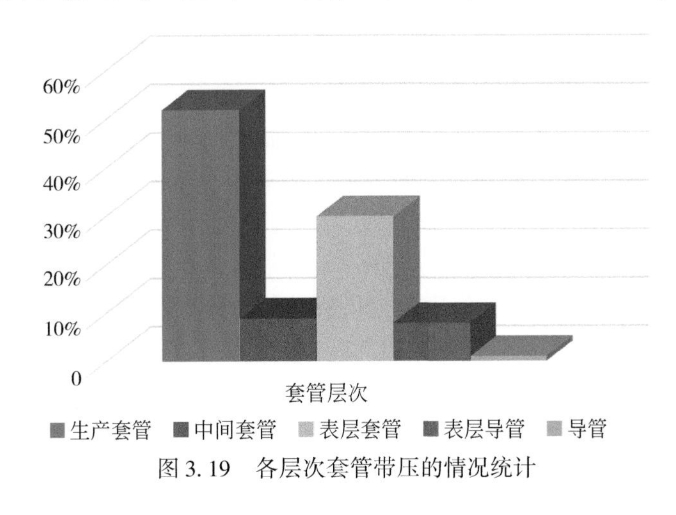


图 3.19 各层次套管带压的情况统计

气井环空带压主要有四种原因：一是各种人为原因（包括气举、热采管理、监测环空压力或其他目的）导致的环空带压；二是套管环空温度变化以及鼓胀效应导致流体和膨胀管柱变形造成环空带压；三是环空存在气体窜流导致环空带压；最后，油套管柱失效尤其是螺纹连接和封隔器密封失效导致气体窜流形成环空带压。

钻井完井过程中，为了分隔不同的地质层系，防止地层压力不同导致井壁坍塌，需要一层或多层套管固井，每层套管用水泥固井，各层套管之间的环形空间加注环空保护液，各层套管之间的环形空间的压力即为环空压力，一般称为 A 环空、B 环空、C 环空等，如图 3.20 所示。

环空之间可能存在天然气或环空保护液，受生产时温度影响热胀冷缩而产生了压力。环空压力控制在高产高压天然气井开发过程中非常重要，环空压力超高可能造成套管破

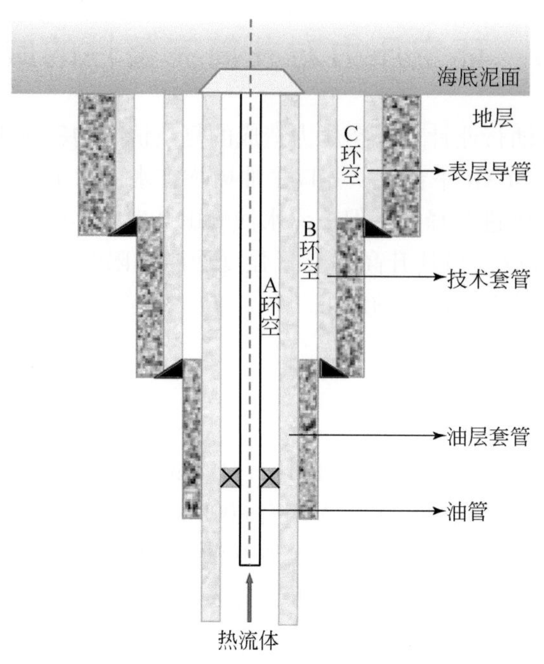


图 3.20　深水井井身结构示意图

裂，天然气窜入地表，造成严重井喷事故。

由于水深的影响，海底及浅部地层温度低，而储层流体的温度相对较高，在油气井测试和生产初期，油气在井筒中的流动会使各层套管环空密闭空间内的流体温度显著增加，随着测试或生产时间的持续，可使井筒温度上升近百度，从而导致密闭空间内的压力剧升，当环空压力上升到套管抗内压或抗外挤强度极限时，就会导致套管损坏，温度载荷对自由套管产生挤压破坏，从而对井筒完整性造成破坏，甚至导致井口报废。同时，当套管温度升高后，套管的轴向压力增加，造成套管屈曲严重，套管上顶井口，给深水油气开发造成巨大损失。

## 3.6.2　环空压力对固井水泥环的影响

1. 背景

随着石油天然气勘探开发工作的不断深入，环空带压问题越来越突出。据有关统计资料，美国外大陆架区域大部分油气井存在环空带压现象，统计的 8122 口井中存在 11498 个环空带压套管段，且 50% 发生在生产套管和油管之间的环形空间。水泥环的密封完整性是影响环空带压的关键因素之一，水泥环密封失效将导致层间气窜、环空带压和套管损坏等问题，对于高含硫气井还可能诱发严重的人员伤亡、环境污染和经济损失。因此，保持水泥环完整性对降低井口环空带压、提高井筒安全性、延长开采寿命具有重要意义。

高温高压井主要是指储层温度大于 150℃，地层压力梯度大于 18kPa/m 或井口压力大于 70MPa 的井，且通常为深井、超深井。特殊的高温高压井筒环境使得高温高压井井筒完整性管理越来越受到国内外油田专家和学者的重视。在试压、压裂酸化（井口加背压，提高油管柱力学可靠性）以及正常生产过程中，受作业载荷、油管或封隔器泄漏等因素影响，水泥环失效将加剧环空带压，带来潜在安全隐患。为此，在现有井筒水泥环力学模型基础上，建立考虑温度效应的套管水泥环地层耦合力学模型，研究水泥环的失效准则，讨论考虑井筒温度效应时环空带压对水泥环密封性能的影响，以期确定更合理的最大允许井口环空带压值，并提升高温高压气井环空带压管理水平。

2. 水泥环力学模型

水泥浆凝固后，套管、水泥环和地层可视为一个复合圆柱体。由于套管、水泥环和地层的物性参数差异较大，套管内压、地层压力（外压）作用和复合圆柱体温度变化时，在套管与水泥环之间的胶结面及水泥环和地层之间的胶结面会产生接触压力或拉应力。考虑两界面完全胶结，则可根据界面处的位移连续条件计算水泥环界面接触压力，最终计算出水泥环径向和切向的应力场。水泥环力学模型基本假设：套管无几何缺陷、水泥环结构完整，水泥环第一、第二胶结面胶结良好，三者均视为厚壁圆柱体；套管、水泥环、地层岩石都为均质各向同性材料，且水泥环无残余内应力；将复合圆柱体受力简化为平面应变问题，其受力示意图见图 3. 21。

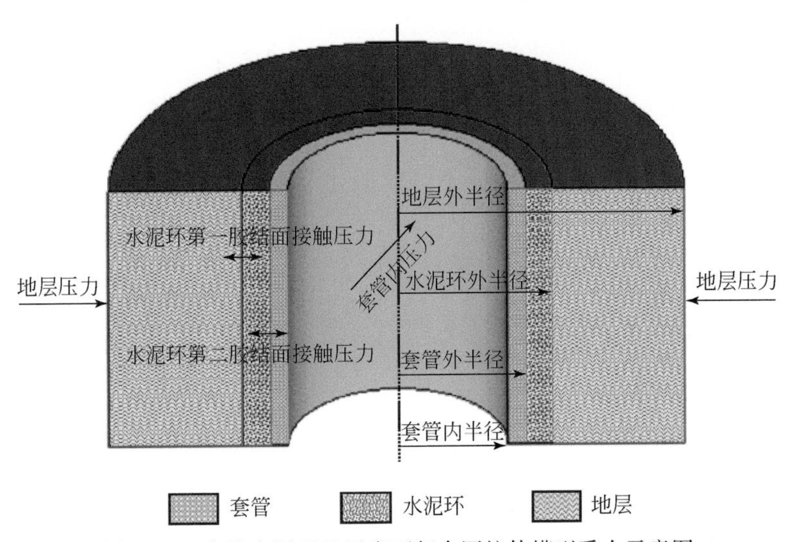


图 3. 21　套管水泥环地层岩石复合圆柱体模型受力示意图

考虑温度效应时，圆柱体切向应变为

$$\varepsilon_\theta=\frac{1}{E}[\sigma_\theta-\mu(\sigma_z+\sigma_r)]+\alpha\Delta T \tag{3.47}$$

式中，$\varepsilon_\theta$ 切向应变，无因次；$E$ 为弹性模量，MPa；$\sigma_r$，$\sigma_\theta$，$\sigma_z$ 分别为径向应力、切向应力和轴向应力，MPa；$\mu$ 为材料泊松比，无因次；$\alpha$ 为材料线膨胀系数，℃$^{-1}$；$\Delta T$ 为温度变化值，℃。

圆柱体轴向应变为

$$\varepsilon_z=\frac{1}{E}[\sigma_z-\mu(\sigma_\theta+\sigma_r)]+\alpha\Delta T \tag{3.48}$$

式中，$\varepsilon_z$ 为轴向应变，无因次。

根据复合圆柱体平面应变假设，满足 $\varepsilon_z \approx 0$，由式（3.48）可得

$$\sigma_z = \mu (\sigma_\theta - \sigma_r) + \alpha E \Delta T \tag{3.49}$$

将式（3.48）代入式（3.49）中可得

$$\varepsilon_\theta = \frac{1}{E}\left[(1-\mu^2)\sigma_\theta - (\mu-\mu^2)\sigma_r + (1-\mu)\alpha E \Delta T\right] \tag{3.50}$$

从而得到圆柱体的径向变形量为

$$\varepsilon_\theta = \frac{r}{E}\left[(1-\mu^2)\sigma_\theta - (\mu-\mu^2)\sigma_r + (1-\mu)\alpha E \Delta T\right] \tag{3.51}$$

对于套管，受内压力（$p_{\rm i}$）、外挤压力（$p_{\rm c1}$）作用，由拉梅公式可得套管径向应力分布：

$$\sigma_{\rm rs} = \frac{p_{\rm i}a^2 - p_{\rm c1}b^2}{b^2-a^2} - \frac{(p_{\rm i}-p_{\rm c1})a^2b^2}{b^2-a^2}\frac{1}{r^2} \tag{3.52}$$

式中，$\sigma_{\rm rs}$ 为套管径向应力，MPa；$p_{\rm i}$ 为套管内压力，MPa；$p_{\rm c1}$ 为套管外挤压力（水泥环第一胶结面接触压力），MPa；$a$ 为套管内半径，mm；$b$ 为套管外半径（水泥环内半径），mm。

套管切向应力分布：

$$\sigma_{\theta\rm s} = \frac{p_{\rm i}a^2 - p_{\rm c1}b^2}{b^2-a^2} - \frac{(p_{\rm i}-p_{\rm c1})a^2b^2}{b^2-a^2}\frac{1}{r^2} \tag{3.53}$$

式中，$\sigma_{\theta\rm s}$ 为套管径向应力，MPa。

根据假设，套管中 $\partial(\Delta T)/\partial r = 0$，则由式（3.49）~式（3.51）可得套管外壁（$r=b$）处径向变形量为

$$\delta_{\rm rs0} = \frac{b}{E}(1-\mu_{\rm s}^2)\left[\frac{2a^2p_{\rm i} - p_{\rm c1}(a^2+b^2)}{b^2-a^2}\right] + \frac{b}{E_{\rm s}}(\mu_{\rm s}+\mu_{\rm s}^2)p_{\rm c1} + b(1-\mu_{\rm s})\alpha_{\rm s}\Delta T \tag{3.54}$$

式中，$\delta_{\rm rs0}$ 为套管外壁径向变形量，mm；$E_{\rm s}$ 为套管弹性模量，MPa；$\mu_{\rm s}$ 为套管泊松比，无因次；$\alpha_{\rm s}$ 为套管线膨胀系数，℃$^{-1}$。

对于水泥环，其内外壁分别受接触压力 $p_{\rm c1}$、$p_{\rm c2}$ 作用，水泥环中径向应力为

$$\sigma_{\rm rc} = \frac{p_{\rm c1}b^2 - p_{\rm c2}c^2}{c^2-b^2} - \frac{(p_{\rm c1}-p_{\rm c2})b^2c^2}{c^2-b^2}\frac{1}{r^2} \tag{3.55}$$

式中，$\sigma_{\rm rc}$ 为水泥环径向应力，MPa；$p_{\rm c2}$ 为水泥环第二胶结面接触压力，MPa；$c$ 为水泥环外半径，mm。

水泥环切向应力为

$$\sigma_{\theta\rm c} = \frac{p_{\rm c1}b^2 - p_{\rm c2}c^2}{c^2-b^2} + \frac{(p_{\rm c1}-p_{\rm c2})b^2c^2}{c^2-b^2}\frac{1}{r^2} \tag{3.56}$$

式中，$\sigma_{\theta\rm c}$ 为水泥环切向应力，MPa。

根据假设，水泥环中 $\partial(\Delta T)/\partial r = 0$，则由式（3.51）、式（3.55）、式（3.56）可得水泥环内壁（$r=b$）处径向变形量为

$$\delta_{\rm rsi} = \frac{b}{E}(1-\mu_{\rm s}^2)\left[\frac{p_{\rm c1}(b^2+c^2) - 2c^2p_{\rm c2}}{c^2-b^2}\right] + \frac{b}{E}(\mu_{\rm c}+\mu_{\rm c}^2)p_{\rm c1} + b(1-\mu_{\rm c})\alpha_{\rm c}\Delta T \tag{3.57}$$

式中，$\delta_{rsi}$为水泥环内壁径向变形量，mm；$E_c$ 为水泥环弹性模量，MPa；$\mu_c$ 为水泥环泊松比，无因次；$\alpha_c$ 为水泥环线膨胀系数,℃$^{-1}$。

由套管外壁和水泥环内壁连续条件可知，式（3.54）和式（3.57）中两个径向变形量应该相等，有

$$Ap_i+Bp_{c1}+Cp_{c2}=E_cE_s\Delta T\cdot\left[(1-\mu_c)\alpha_c-(1-\mu_s)\alpha_s\right] \tag{3.58}$$

其中：

$$A=\frac{2a^2}{b^2-a^2}E_c(1-\mu_s^2);\ C=\frac{2c^2}{c^2-b^2}E_s(1-\mu_c^2)$$

$$B=\frac{2b^2\mu_s^2+(b^2-a^2)\mu_s-(b^2+a^2)}{b^2-a^2}E_c-\frac{(b^2+c^2)\mu_s-2b^2\mu_c^2+(c^2-b^2)}{c^2-b^2}E_s$$

由式（3.51）、式（3.55）、式（3.56）也可得到水泥环第二胶结面 $r=c$ 处的径向变形量为

$$\delta_{rco}=\frac{c}{E_c}(1-\mu_c^2)\left[\frac{2b^2p_{c1}-p_{c2}(b^2+c^2)}{c^2-b^2}\right]+\frac{c}{E_c}(\mu_c+\mu_c^2)p_{c2}+c(1-\mu_c)\alpha_cE_c\Delta T \tag{3.59}$$

式中，$\delta_{rco}$为水泥环外壁径向变形量，mm。

对于地层岩石，其内外壁分别受接触压力 $p_{c2}$和地层压力 $p_f$ 作用，地层岩石中径向和切向应力分别为

$$\sigma_{rf}=\frac{p_{c2}c^2-p_fd^2}{d^2-c^2}-\frac{(p_{c2}-p_f)b^2c^2}{d^2-c^2}\frac{1}{r^2} \tag{3.60}$$

$$\sigma_{\theta f}=\frac{p_{c2}c^2-p_fd^2}{d^2-c^2}+\frac{(p_{c2}-p_f)b^2c^2}{d^2-c^2}\frac{1}{r^2} \tag{3.61}$$

式中，$\sigma_{rf}$为地层径向应力，MPa；$p_f$为地层压力，MPa；$d$ 为地层外半径，mm；$\sigma_{\theta f}$为地层切向应力，MPa。

根据假设，地层中 $\partial(\Delta T)/\partial r=0$，则由式（3.51）、式（3.60）、式（3.61）水泥环第二胶结面（$r=c$）处径向变形量为

$$\delta_{rfi}=\frac{c}{E_f}(1-\mu_f^2)\left[\frac{2d^2p_f-p_{c2}(b^2+c^2)}{d^2-c^2}\right]+\frac{c}{E_f}(\mu_f+\mu_f^2)p_{c2}+c(1-\mu_f)\alpha_f\Delta T \tag{3.62}$$

式中，$\delta_{rfi}$为水泥环第二胶结面径向变形量，mm；$E_f$ 为地层岩石弹性模量，MPa；$\alpha_f$ 为地层岩石线膨胀系数,℃$^{-1}$；$\nu_f$ 为地层岩石泊松比，无因次。

由水泥环外壁和地层岩石内壁连续条件可得式（3.59）和式（3.62）中两个变形量也应该相等，从而有

$$Up_{c1}+Vp_{c2}+Wp_f=E_cE_f\Delta T\cdot\left[(1-\mu_f)\alpha_f-(1-\mu_c)\alpha_c\right] \tag{3.63}$$

其中：

$$U=\frac{2b^2}{c^2-b^2}E_f(1-\mu_c^2);\ W=\frac{2d^2}{d^2-c^2}E_c(1-\mu_f^2)$$

$$V=\frac{2c^2\mu_c^2+(c^2-b^2)\mu_c-(c^2+b^2)}{c^2-b^2}E_f-\frac{(d^2+c^2)-2c^2\mu_f^2+(d^2-c^2)}{d^2-c^2}E$$

联立式（3.59）、式（3.62）可得水泥环内外壁接触压力 $p_{c1}$ 和 $p_{c2}$。从而，由式

（3.55）、式（3.56）可求得水泥环在任意半径 $r$ 处的径向应力和切向应力。

3. 水泥环失效准则

水泥环失效主要有胶结面受拉失效和水泥环本体受压失效，水泥环在拉应力和压应力共同作用下也会发生剪切失效。水泥环受纯拉伸载荷时，可采用最大主应力准则来判断失效，但水泥环的失效有时主要受压缩载荷而非拉伸载荷控制，这时可采用莫尔库仑准则来预测不同应力状态下水泥环的失效，脆性材料莫尔库仑失效准则见表 3.3。

**表 3.3　脆性材料莫尔库仑失效准则表**

| 应力区间 | 区间描述 | 主应力关系 | 时效标准 |
|---|---|---|---|
| 1 | 拉伸–拉伸–拉伸 | $\sigma_1 \geqslant \sigma_3 \geqslant 0$ | $\sigma_1 \geqslant \sigma_t$ |
| 2 | 压缩–压缩–压缩 | $0 \geqslant \sigma_1 \geqslant \sigma_3$ | $-\sigma_3 \geqslant \sigma_c$ |
| 3 | 拉伸–压缩–压缩 | $\sigma_1 \geqslant 0 \geqslant \sigma_3$ | $\frac{\sigma_1}{\sigma_t}-\frac{\sigma_3}{\sigma_c} \geqslant 1$ |
|  | 拉伸–拉伸–压缩 |  |  |

注：$\sigma_1$，$\sigma_3$ 为水泥环中的最大、最小主应力，MPa；$\sigma_t$ 为水泥环抗拉强度，MPa；$\sigma_c$ 为水泥环抗压强度，MPa。

4. 实例分析

对于高温高压井，作业试压、压裂酸化（需环空加压）等井下工况会使环空带压升高，同时温度、压力变化使环空流体膨胀，以及油气从地层经水泥隔离层和环空液柱向上窜流也会引起环空压力的升高。为了讨论环空带压、温度变化对水泥环应力和失效的影响，假设：①ϕ215.90mm 井眼下入 ϕ177.80mm（壁厚 10.36mm）P110 套管；②水泥环厚度为 21.34mm；③P110 套管弹性模量为 200GPa、泊松比为 0.23、线膨胀系数为 $1.50\times10^{-5}℃^{-1}$；④水泥环弹性模量为 5.6GPa、泊松比为 0.18、线膨胀系数为 $1.05\times10^{-5}℃^{-1}$、抗拉强度为 4.2MPa、抗压强度为 41.0MPa；⑤地层岩石弹性模量为 17GPa、泊松比为 0.20、线膨胀系数为 $1.05\times10^{-5}℃^{-1}$。

在环空带压作用下，水泥环将最先在套管与水泥环界面处发生失效，为分析高温高压井环空带压对水泥环失效的影响，根据表 3.3 中水泥环失效准则，计算了井筒温度变化值为 0～50℃、环空带压为 0～50.00MPa 时自由套管段底部水泥环安全系数（图 3.22，图中粉色平面的安全系数等于 1.0）。

由图 3.22 可以看出：环空带压越大，自由套管段底部水泥环安全系数越低，且温度效应对安全系数的影响较小。环空带压小于 35.00MPa 时，井筒温度变化对水泥环安全系数影响较明显，随井筒温度升高，水泥环安全系数减小；当环空带压大于 35.00MPa 时，井筒温度变化对水泥环安全系数影响很小，但总体上井筒温度升高时水泥环更易失效。对具体一口井，可根据井身结构（地层水泥环套管）参数建立水泥环安全系数图版，然后根据井筒温度场、环空带压值判断水泥环是否会失效，并以此确定合理的最大允许环空带压值，这对提高高温高压气井环空压力管理水平，保证井筒安全、延长气井开采寿命具有重要指导意义。

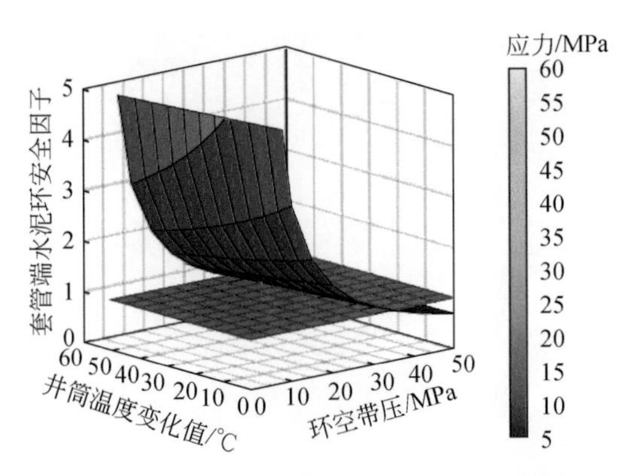


图 3.22 自由套管段底部水泥环安全系数

## 3.6.3 环空压力导致的井口抬升案例分析

1. BP 公司在墨西哥湾 Marlin 油田套管失效案例

1999 年，BP 公司在墨西哥湾 Marlin 油田套管失效，该井井号为 MarlinA-2，水深 1054m，井深结构见表 3.4。

表 3.4 Marlin A-2 井井身结构

| 套管尺寸/in | 套管深度/in | 外径/in | 套管重量/lb | 静止温度/℃ |
|---|---|---|---|---|
| 36 | 1132 | 36 | 552.0 | 5 |
| 24 | 1689 | 20 | 169.0 | 21 |
| 20 | 2033 | 16 | 97.0 | 35 |
| 17 | 2778 | 13-5/8 | 88.2 | 65 |
| 12-1/4 | 3612 | 9-7/8 | 62.8 | 99 |
| 8-1/2 | 3749 | 7 | 32.0 | 104 |

注：1in=2.54cm；1lb=0.453592kg。

问题：在投产数小时后，回接生产套管突然被挤毁，见图 3.23。

调查结果：投产时，海底井口环空平均温度为 165 ~ 200℉ （74 ~ 93℃），平均温度差为 55℃左右。MarlinA-2 井井眼为 7in，32lbf① 回接套管的抗挤毁压力为 10780psi。实验室对不同井内钻井液的模拟测试表明，9-7/8in 和 7in 之间用的 11.5 ~ 13ppg K-Form 钻井液在井底温度升到 160℉ （71℃） 时压力已经超过 10000psi。很明显，管压塌完全是由 APB 造成的（图 3.24）。

解决方案：在水泥浆前置液里加入氮气隔离液。此氮气隔离液必须在井底有以下作用。

氮气隔离液容量与环空容量的比率至少为 10%。为了确保没有水泥浆污染，氮气隔离液需具备有效的泥浆顶替作用。

---

① 1lbf=4.448N。

图 3.23　回接套管破坏后切割回收照片

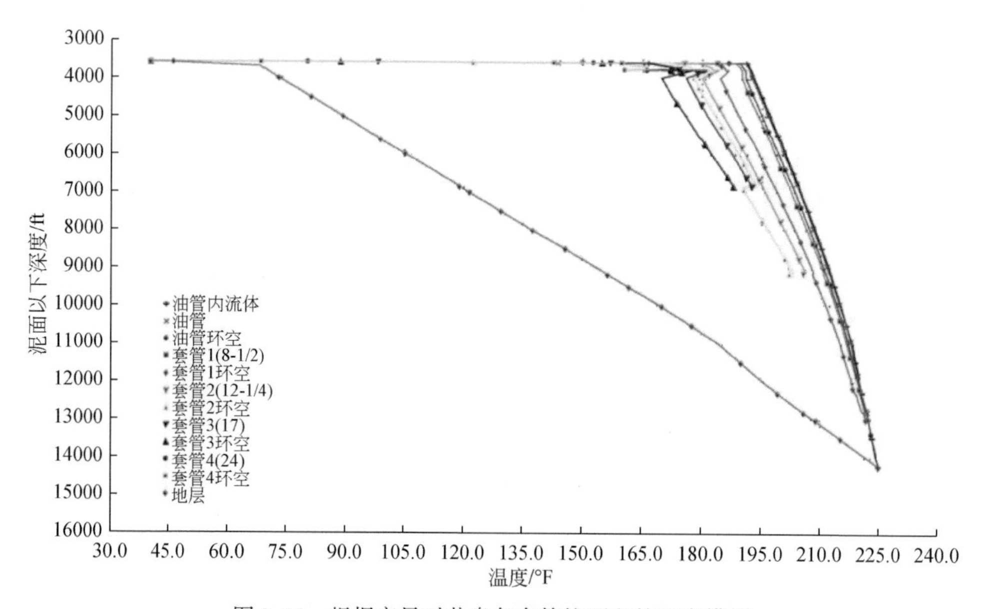


图 3.24　根据产量对井身各套管柱环空的温度模拟

泡沫稳定性需要至少 72 小时。氮气含量不高于 35%。这是为了避免在固完井后的井口密封前造成氮气从隔离液向上流失。这里面包含了安全时间，以防止井口不坐封，必须下一趟备用密封组件的时间。

温差对氮气隔离液环空压力的影响见图 3.25，从图中可以看出非常明显的压力变化（无氮气泡沫），最高大于 10000psi；最低小于 3000psi（有氮气泡沫）。

在 MarlinA-2 之后的井都把在 13-5/8in、9-5/8in 和 7in 套管固井时加上 10% 的氮气隔离液。之后此区块的 APB 问题就被彻底解决了。表 3.5 给出了 Marlin 项目各井的氮气隔离液容量参考表。

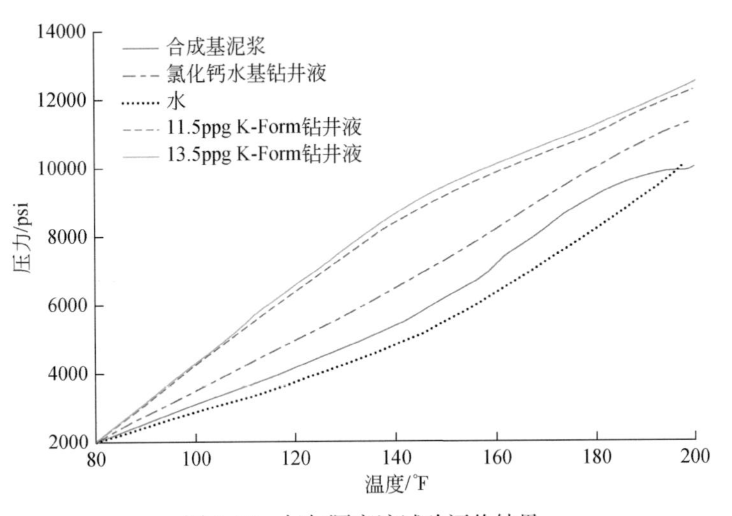


图 3. 25 氮气隔离液试验评价结果

**表 3. 5 BP 墨西哥湾 Marlin 项目各井氮气隔离液容量参考表**

| 项目 | 井名 | 套管尺寸/in | 套管下深/ft | 上层套管深度/ft | 井眼尺寸/in | 泡沫体积/bbl | 基准体积/bbl | 氮气体积/bbl | 泡沫深度/ft | 水泥深度/ft |
|---|---|---|---|---|---|---|---|---|---|---|
| Aspen | GC24#1 | 16 | 6800 | 5440 | 20 | 125 | 87 | 38 | 4933 | 6000 |
| Marlin | VK915SS#1 | 13-5/8 | 9116 | 6671 | 17. 5 | 115 | 72 | 43 | 4692 | 5900 |
| Marlin | VK915SS#1 | 9-1/8 | 11702 | 9116 | 12. 25 | 110 | 83 | 27 | 6555 | 8600 |
| Dorado | VK915SS#3 | 13-5/8 | 8422 | 6675 | 17. 5 | 120 | 78 | 42 | 6397 | 7435 |
| Dorado | VK915SS#3 | 9-1/8 | 10626 | 8422 | 12. 25 | 50 | 35 | 15 | 6913 | 8091 |
| Dorado | VK915SS#4 | 13-5/8 | 8201 | 7679 | 17. 5 | 115 | 70 | 35 | 5430 | 6800 |
| Dorado | VK915SS#4 | 9-1/8 | 9573 | 8201 | 12. 25 | 50 | 35 | 15 | 6509 | 7800 |
| Dorado | VK915SS#5 | 13-5/8 | 9128 | 7025 | 17. 5 | 125 | 86 | 39 | 6225 | 8000 |
| Dorado | VK915SS#5 | 9-1/8 | 11289 | 9128 | 12. 25 | 100 | 71 | 29 | 7912 | 9800 |
| Trolka | GC245TA-8 | 13-5/8 | 10150 | 5000 | 17. 5 | 148 | 107. 5 | 41. 5 | 5337 | 6437 |
| Pompano | MC28TB-3 | 13-3/8 | 6590 | 3652 | 17. 5 | 175 | 120 | 55 | 4270 | 5500 |

2. 马来西亚深海 Kikeh 开发项目

马来西亚深海 Kikeh 油田，水深 1350～1366m，开发方案中有 26 口井，典型的井身结构如表 3. 6 所示。

**表 3. 6 Kikeh 油田 PS14（150）井身结构数据**

| 套管尺寸/in | 套管深度/in | 外径/in | 套管重量/lb | 静止温度/℃ |
|---|---|---|---|---|
| 36 | 1447 | 20×16 | 169/96 | 6 |
| 17-1/2 | 2177 | 13-5/8×13-3/8 | 88. 2/72 | 48 |
| 12-1/4 | 3053 | 9-5/8 | 53. 5 | 86 |

问题：开发方案中26口井的9-5/8in套管和13-3/8in套管之间的环空预测会有APB风险。井口生产时平均温度是67℃，温差形成压力增加约6800psi。由于9-5/8in #53.5套管的抗挤毁压力是7950psi，若考虑套管安全余量和套管强度公差，那么9-5/8in #53.5套管均存在较大挤毁风险。

在水泥浆前置液里加氮气隔离液。施工程序如表3.7所示。

**表3.7　Kikeh油田PS14（150）井固井施工程序**

| 程序 | 泵速/(bbl/min) | 体积/bbl | 时间/min | 累积体积/bbl | 泵速水泥时间/min | 注释 |
|---|---|---|---|---|---|---|
| 清洗液CW100 | 6.0 | 40.0 | 6.7 | 40.0 | | |
| 隔离液11.5ppg | 6.0 | 40.0 | 6.7 | 40.0 | | |
| 隔离液15ppg | 6.0 | 5.0 | 0.8 | 5.0 | | 前置液 |
| 泡沫隔离液15ppg | 1.0 | 45.0 | 45.0 | 50.0 | | |
| 隔离液15ppg | 6.0 | 5.0 | 0.8 | 55.0 | | 后置液 |
| 投球 | | | 10.0 | | | |
| 隔离液11.5ppg | 6.0 | 70.0 | 11.7 | 70.0 | | |
| 水泥浆15.8ppg | 5.0 | 136.3 | 27.3 | 136.3 | 27.3 | |
| 海水 | 5.0 | 2.0 | 0.4 | 2.0 | 0.4 | |
| 投胶塞 | | | 10.0 | | 10.0 | |
| 海水 | 5.0 | 10.0 | 2.0 | 12.0 | 2.0 | |
| KCL盐水 | 5.0 | 386.0 | 77.2 | 386.0 | 77.2 | 完井液 |
| 油机泥浆 | 5.0 | 98.4 | 18.7 | 93.4 | 18.7 | |

效果：第一和第二口经过USIT/CBI验证后，确认氮气所在位置井口，在固井施工期间没有任何套管压塌问题。

氮气泡沫隔离液设计和实际作业效果见表3.8。

**表3.8　氮气注入数据表**

| 井名 | 类型 | 套管环空体积/bbl | 上端/ft | 下端/ft | 泡沫质量分数 | 隔离液体积/bbl | 氮气占环空体积分数/% | 氮气体积/bbl |
|---|---|---|---|---|---|---|---|---|
| PS14（150） | 设计值 | 155 | 1656 | 1944 | 23～24% | 17 | 11.0 | |
| | 实际值 | 155 | 1880 | 2175 | 22% | 110.0 | 15.6 | 24.2 |
| PS09（150） | 设计值 | 228 | 1756 | 2276 | 21～24% | 23 | 9.9 | |
| | 实际值 | 228 | 1455 | 1600 | 65% | 28.0 | 11 | 18.2 |
| | | | 2050 | 2100 | 75% | 9.7 | | 7.2 |

充氮气泡沫水泥浆隔离液配套设备如图3.26～图3.30所示。

3. 墨西哥湾Pompano A-31井套管挤毁案例

Pompano A-31井的第一个钻井过程出现了由环空圈闭压力造成的井筒挤毁事故。当钻遇16in套管鞋以下地层时，钻盘突然失速并且钻柱遇卡。事故后分析是因为16in套管在250ft上段发生了严重的变形，见图3.31。

Pompano A-31井挤毁前20in、16in套管的井身结构见表3.9。

图 3. 26 充氮气设备装置

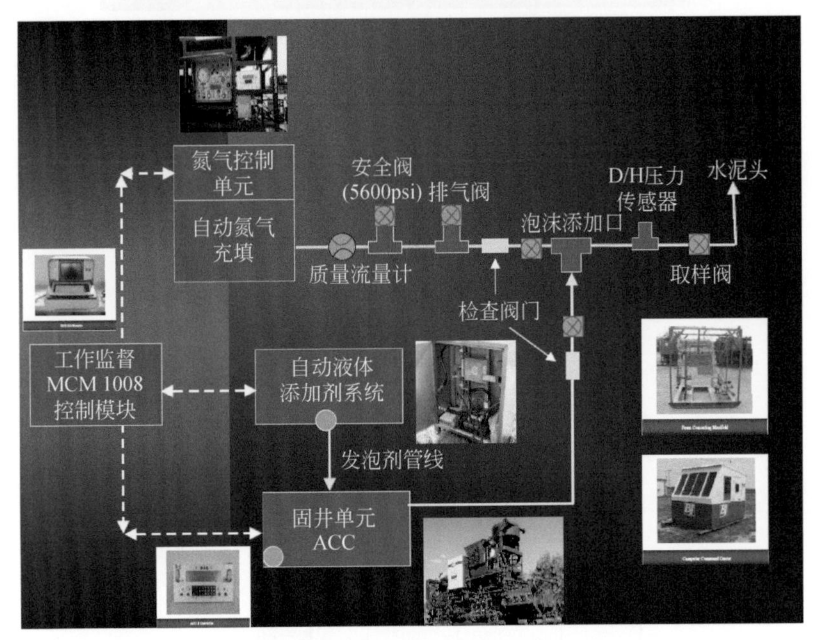


图 3. 27 自动泡沫胶结系统

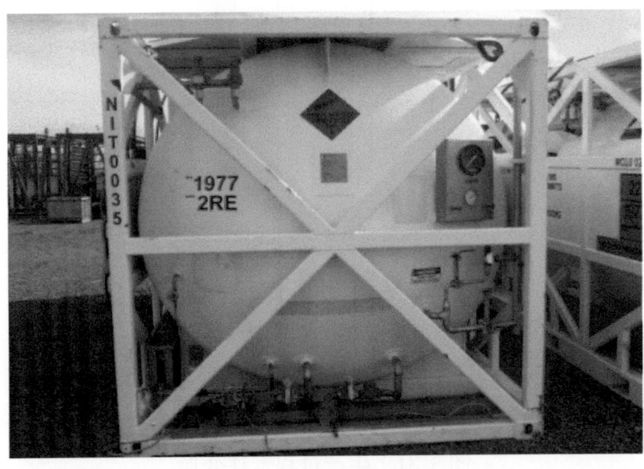


图 3. 28 真空设备装置

图 3. 29　装置现场应用

图 3. 30　充氮气泡沫水泥浆控制车

| 套管尺寸 | MD/TVD | TOC | 井身结构 |
| --- | --- | --- | --- |
| | | 1233 | |
| 26in | 1486/1486 | | |
| 20in | 4052/4050 | | |
| 16in | 6212/6210 | | |
| | 9132/8877 | | |

图 3. 31　生产过程管柱变形

表 3.9 20in、16in 套管的井身结构

| 外径/in | 重量/(lb/ft) | 钢级 | 螺纹类型 | 顶部层位/ft | 底部层位/ft |
|---|---|---|---|---|---|
| 20 | 133 | X56 | BOSS | 0 | 3000 |
| | 169 | X56 | BOSS | 3000 | 4053 |
| 16 | 84 | P110 | BOSS | 0 | 1486 |
| | 97 | N80 | BOSS | 1486 | 6209 |

下入完成后切割掉 1399ft 以上部分的 16in 套管，并且下入测井仪测量出 20in 套管的尺寸变化如图 3.32，发现事故井段是在 253～280ft。

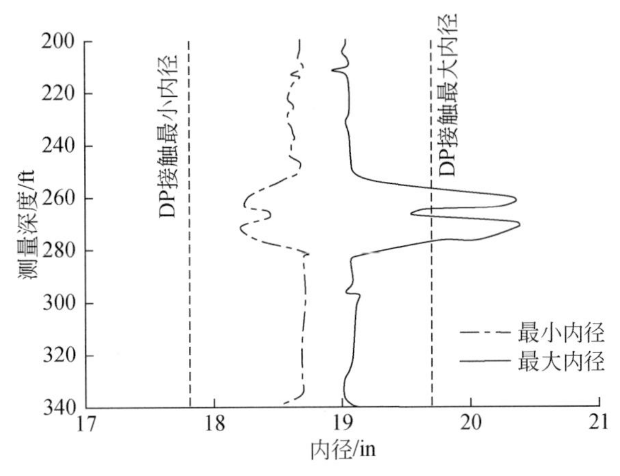


图 3.32 20in 套管的尺寸变化

图 3.33、图 3.34 为取出的 16in 套管的变形部分。在收集相关证据的初步调查和对变形套管的分析后，认为造成事故的主要原因是环空压力过大超过套管柱的屈服强度（图 3.35）。

图 3.33 生产初期套管穿刺破坏

图 3.34　套管破坏图

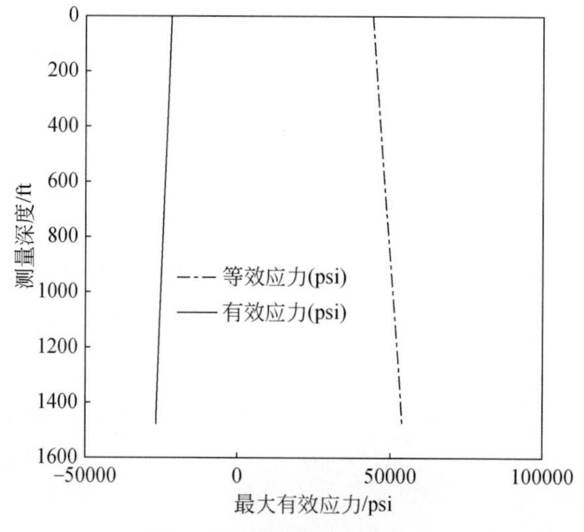


图 3.35　最大有效应力分析

4. 其他套管损坏案例

近年来我国已有很多的高温油气井，都在面临温度载荷带来的一系列问题。随着油气井开采水平的提高，我国不断地开发了一批高温井，如柯深 1 井（图 3.36）等。尤其是随着深水海洋井的开发，也会面临温度载荷带来的一系列问题。因此对温度引起的套管附加载荷的预防研究就成了高温井安全生产的一个重要课题。

Conoco Phillips 位于墨西哥湾 Garden Banks 783 区块安装的作业水深 4674ft 处的张力腿平台，在生产作业过程中，油井内没有灌注水泥而存在环空的尾管悬挂器（liner hanger）PBR 的损坏是一处潜在的风险。根据对其 8 口井中的两口进行环空圈闭压力有限元分析

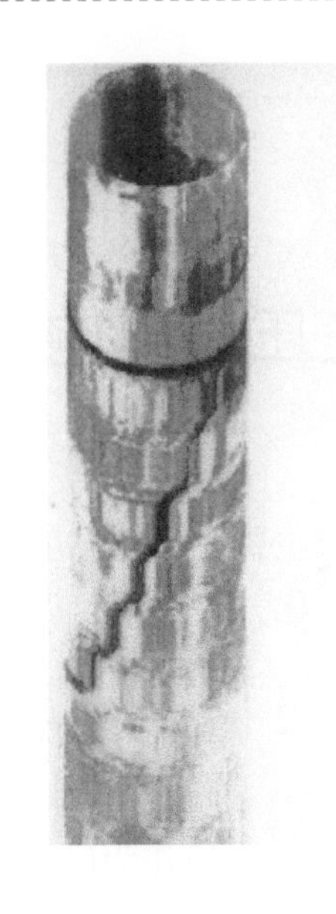

图3.36 柯深1井套管破坏情况

（FEA）得出的结果，生产过程中由于环空中温度的升高伴随着氮气压力的减小，随之出现的环空圈闭压力升高可能造成10.75in尾管悬挂器PBR的损坏。分析可得，一系列被认为能够解决这一问题的潜在方法包括：加固衬管、设计排泄孔、安装破裂盘、低导热胶代替氮气以及高密度盐水。

BP公司在挪威大陆架开发一口高温高压井（875bar，180℃）。由于是在高温高压的条件下，套管和油管设计都要进行严格的压力分析。在测井阶段，产生的热量导致环空流体的膨胀进而导致环空圈闭压力升高可能造成其13-3/8in套管的损坏和20in油管的破裂。

尼日利亚AKPO油田发现于2000年，是在OML130区块钻获的世界级重大深水发现之一。AKPO油田地温梯度大约是墨西哥湾地温梯度的2倍，所以该区域油田开发过程中环空压力增加的问题更为突出。由于深水开发成本非常高，往往一口井钻井费用就达几千万美元，采用的任何技术都要确保安全可靠，为了达到此目的，该油田采用了多种环空压力管理办法，具体如下。

（1）尾管固井技术，AKPO油田所有井在生产初期都存在多个套管环空憋压问题，这样就减少了一层环空压力管理问题。

（2）套管破裂盘技术，该技术主要是在存在挤压变形风险的35.56cm套管的外层50.80cm套管上安装套管破裂盘，套管破裂盘安装在外层套管上，用于保护内层套管，其原理为当环空压力大于一定值时，滑行块下行致使破裂片破裂，使内环空压力释放至外环空，从而保护内层套管不受损坏。

（3）可压缩泡沫技术，将可压缩泡沫安装在14in套管外壁并固定与套管一起下入井中，当密闭空间压力上升时泡沫开始压缩从而释放空间，达到降低环空压力的目的。

其中尾管固井技术、套管破裂盘技术和可压缩泡沫技术在尼日利亚OML130区块A油田深水井中得到了应用，获得了良好的应用效果和经济效益。截至2018年，尼日利亚AKPO油田已经投产近2年时间，所有井情况良好，未发生套管破裂事故。

# 第4章 开采期间深水油气井环空压力影响因素

在不考虑环空流体漏失作用影响下，深水井环空圈闭压力主要受环空温度和环空体积两方面影响。环空数量的不同，导致井筒径向传热过程发生变化，各层环空温度分布规律存在差异；深水井筒-地层系统可以看作是由自由段管柱、环空流体介质、封固段套管、水泥环、地层组成的复合圆筒弹性体，在温度和压力耦合作用下，系统内各部分介质均会产生体积形变，影响环空压力的变化。

基于井筒地层热固耦合作用的多环空压力预测模型，以三环空井段作为研究对象，采用控制变量法分别对生产时间、油井产量、环空流体热物性参数、套管物性参数和水泥环物性参数等可控影响因素进行分析，进而制定出合理的环空压力防治措施，保障井筒安全。

## 4.1 油气井生产措施

### 4.1.1 生产时间

图4.1显示为三环空井段内A环空、B环空和C环空温度和压力随生产时间的变化关系。可以看出，随着生产过程的进行，井筒温度持续升高，环空内流体介质不断吸收生产

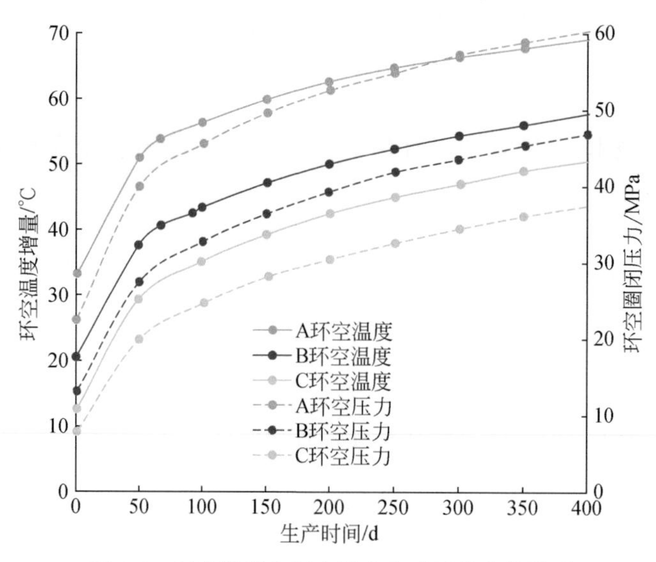


图4.1 环空温度和压力随生产时间的变化关系

管柱内高温流体传递的热量，因此导致环空圈闭压力持续上升。越靠近井筒内部的环空，温度升高越快，环空圈闭压力涨幅越大，因此同一生产时间状态下，A 环空温度最高，温升最快，环空压力最大。例如，在生产时间 50 天的工况下，A 环空温度增加 51.06℃，环空压力增加 34.25MPa；B 环空温度增加 37.74℃，环空压力增加 23.64MPa；C 环空温度增加 29.47℃，环空压力增加 17.24MPa。

同时，还可以看出，在生产初期各层环空温度和环空压力上升速度最剧烈，之后随着生产过程逐渐放缓。生产时间为 0 代表井筒内热量传递至水泥环外边缘，但尚未进入地层的时刻，因此从 0 时刻至 100d 生产时间，A 环空温度升高 23.04℃，环空压力增加 19.80MPa，在 100 ~ 200d，A 环空温度升高仅 6.129℃，环空压力增加 5.878MPa。这主要是由于在生产初期，环空处于地层低温环境，与生产管柱内的高温流体温度差较大，极易吸收热量；随着环空温度逐渐升高，温差减小，降低了热量传递的速率。因此，深水油气井投产初期，需要采取必要的环空压力控制措施，以免环空压力上升过快威胁井筒安全。

## 4.1.2 油井产量

图 4.2 显示为三环空井段内 A 环空、B 环空和 C 环空温度和压力随油井产量的变化关系。可以看出，各层环空温度和压力均随着产量的增加而升高，尤其当由较低产量提升至高产量时，环空温度和压力增长剧烈，在 0 ~ 100t 产量时，A 环空温度升高 47.44℃，环空压力增加 31.57MPa，在 100 ~ 200t，A 环空温度升高仅 17.33℃，环空压力增加 15.60MPa。这主要是由于增加油井产量有助于加强生产管柱内的流体对流换热过程，提高对流换热系数，从而井筒内的传热效率得到加强，导致环空温度和压力的升高。因此，可以通过调节油井产量，在一定程度上控制环空压力的上升。

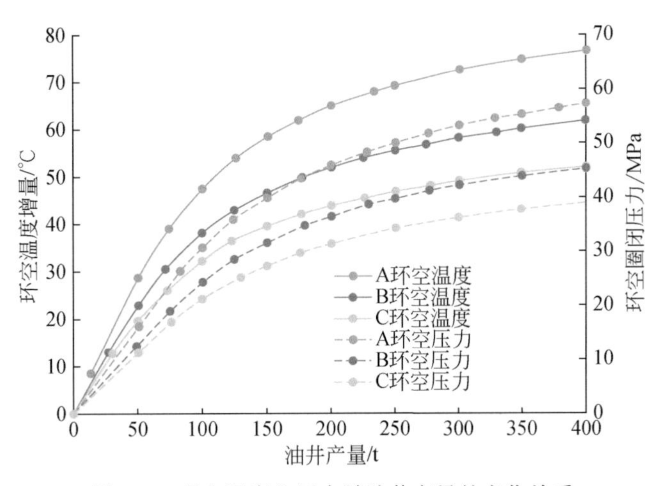


图 4.2 环空温度和压力随油井产量的变化关系

# 4.2 环空流体参数

## 4.2.1 热膨胀系数

图4.3显示了三环空井段内A环空、B环空和C环空压力和体积随环空流体热膨胀系数的变化关系。可以看出，随着流体热膨胀系数的增加，各层环空压力和环空体积均增大，呈现线性变化关系。当热膨胀系数为$2.0\times10^{-4}$℃$^{-1}$时，A环空圈闭压力为26.39MPa，体积增加0.06$m^3$；当热膨胀系数为$5.0\times10^{-4}$℃$^{-1}$时，A环空圈闭压力为82.20MPa，体积增加0.09$m^3$。由于环空流体的热膨胀系数是产生流体热膨胀压力的主导因素，在相同温度变化情况下，热膨胀系数越大，体积膨胀率越高，产生的环空压力越大。因此降低环空流体的热膨胀系数，可以较好地控制环空压力上涨。

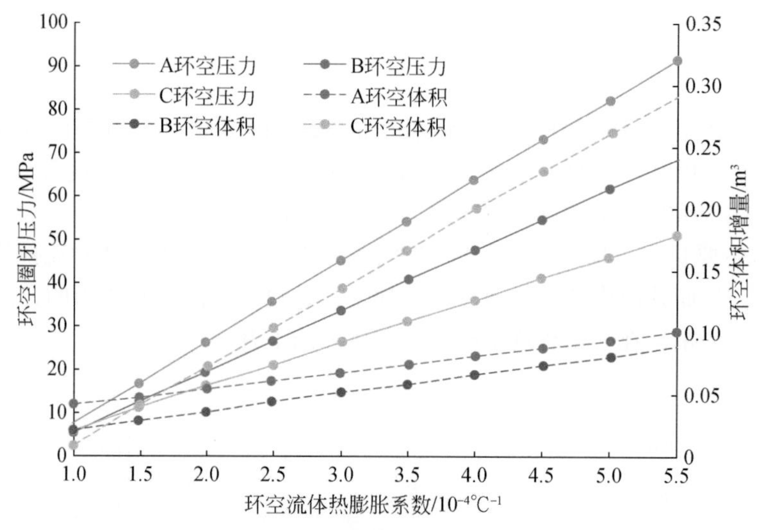

图4.3　环空压力和体积随环空流体热膨胀系数的变化关系

## 4.2.2 等温压缩系数

图4.4显示了三环空井段内A环空、B环空和C环空压力和体积随环空流体等温压缩系数的变化关系。可以看出，随着等温压缩系数的增加，各层环空压力和环空体积均减小，当等温压缩系数为$2.0\times10^{-4}$ MPa$^{-1}$时，A环空圈闭压力为95.24MPa，体积增加0.11$m^3$；当等温压缩系数为$7.0\times10^{-4}$ MPa$^{-1}$时，A环空圈闭压力为6.90MPa，体积增加0.04$m^3$。在等温压缩系数为$2.0\times10^{-4}$～$4.0\times10^{-4}$ MPa$^{-1}$时，环空压力下降幅度最大，随后降低趋势减缓。在相同压力变化情况下，等温压缩系数越大，体积压缩率越高，产生的环空压力越小。因此提高环空流体的等温压缩系数，也可以较好地控制环空压力上涨。

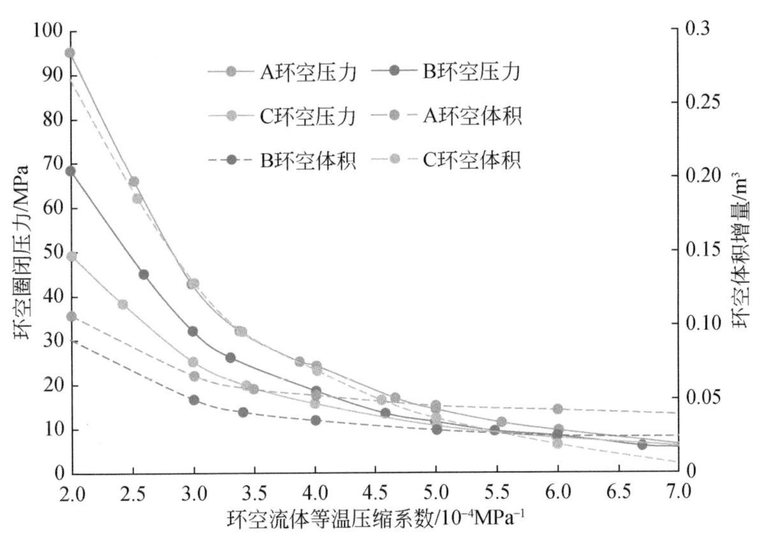


图 4.4 环空压力和体积随环空流体等温压缩系数的变化关系

在密闭环空中，环空流体的热膨胀系数和等温压缩系数共同影响着环空圈压力变化，图 4.5 显示了 A 环空压力随环空流体热膨胀系数和等温压缩系数的变化关系。可以看出，当流体热膨胀系数越小，等温压缩系数越大时，环空压力越低。同时，流体等温压缩系数对环空压力的影响作用要高于热膨胀系数，当热膨胀系数为 $3.0\times10^{-4}℃^{-1}$、等温压缩系数从 $2.0\times10^{-4}\ \mathrm{MPa}^{-1}$ 增加到 $5.0\times10^{-4}\mathrm{MPa}^{-1}$ 时，环空压力下降 80.40MPa；当等温压缩系数为 $3.0\times10^{-4}\ \mathrm{MPa}^{-1}$、热膨胀系数从 $2.0\times10^{-4}℃^{-1}$ 增加到 $5.0\times10^{-4}℃^{-1}$ 时，环空压力上升 54.87MPa。

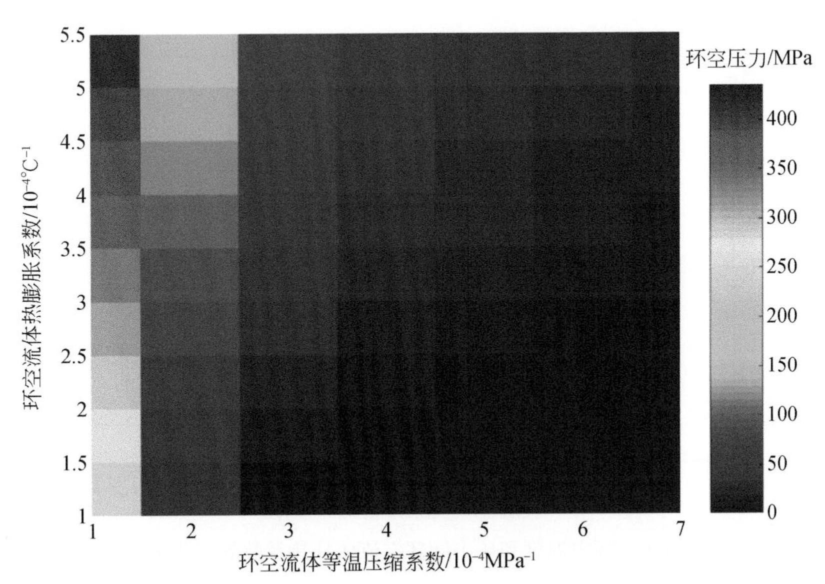


图 4.5 A 环空压力随环空流体热膨胀系数和等温压缩系数的变化关系

计算环空流体热膨胀系数与等温压缩系数的比值，能直观地反映出各类环空流体介质产生环空圈闭压力的能力大小，因此本书引入环空流体膨胀压缩比的概念来表征环空流体性能参数对环空附加压力的影响，其定义为

$$EC = \frac{\alpha_f}{\beta_f} \tag{4.1}$$

式中，$\alpha_f$ 为环空流体热膨胀系数；$\beta_f$ 为等温压缩系数。

由式（4.1）可知，环空流体膨胀压缩比越低，环空圈闭压力越小，从增加流体压缩性的角度考虑，可以添加空心玻璃微珠、注氮气压缩液体和使用泡沫套管等方法降低 EC，从而实现对环空压力的有效控制。

## 4.2.3 环空流体导热系数

图 4.6 显示了三环空井段内 A 环空、B 环空和 C 环空温度和压力随环空流体导热系数的变化关系。可以看出，A 环空温度和压力随着流体导热系数的增加出现小幅的降低，B 环空和 C 环空温度和压力随着流体导热系数的增加出现大幅的上升；在流体导热系数低于 0.8W/(m·℃) 时，环空温度和压力变化幅度较大，导热系数由 0.2W/(m·℃) 上升至 0.8W/(m·℃) 时，A 环空温度降低 2.413℃，环空压力降低 0.610MPa；B 环空温度增加 9.070℃，环空压力增加 6.794MPa；C 环空温度增加 16.20℃，环空压力增加 9.930MPa。在流体导热系数大于 0.8W/(m·℃) 时，环空温度和压力变化幅度减小，导热系数由 0.8W/(m·℃) 上升至 2.0W/(m·℃) 时，A 环空温度降低 0.207℃，环空压力增加 0.641MPa；B 环空温度增加 5.058℃，环空压力增加 4.128MPa；C 环空温度增加 8.329℃，环空压力增加 5.599MPa。

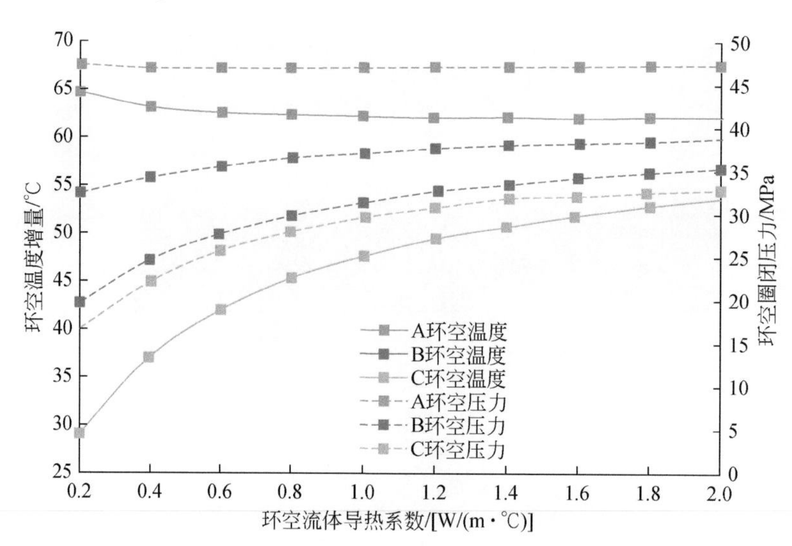


图 4.6 环空温度和压力随环空流体导热系数的变化关系

由于 A 环空靠近生产管柱，导热系数的增加使得环空温度散热速度加快，A 环空温度和压力小幅度降低；同时 A 环空对外部井筒传热效率的提高，使得 B 环空和 C 环空能吸

收更多的热量，增加了环空温度和压力。当导热系数较小时，井筒传热效率低，环空温度和压力偏小，当升高到一定值后，井筒传热效率趋于稳定，环空温度和压力增加幅度减小。因此，工程上可以选择使用导热系数小的环空流体或者采用隔热管柱的方面来降低环空压力的风险。

# 4.3 套管参数

## 4.3.1 套管壁厚

图 4.7 显示了三环空井段内 A 环空、B 环空和 C 环空压力随油层套管、中间套管和技术套管壁厚的变化关系。可以看出，随着油层套管壁厚增加，A 环空压力下降明显，B 环空和 C 环空压力略微上升；中间套管壁厚增加，B 环空压力下降显著，A 环空压力略微下降，C 环空压力基本保持不变；技术套管壁厚增加，A 环空、B 环空压力保持稳定，C 环空压力上升。增大套管壁厚可使套管压缩位移形变量增加，由于套管内侧压力较外侧压力高，套管内侧环空体积增加量显著，从而降低了环空附加压力。C 环空技术套管由于水泥环外边界的限制，套管径向热位移产生的体积膨胀更为明显，压缩了环空体积，因此 C 环空附加压力略微上升。因此，工程上可以采取提高套管壁厚的方案来防治 A 环空、B 环空压力升高带来的危害。

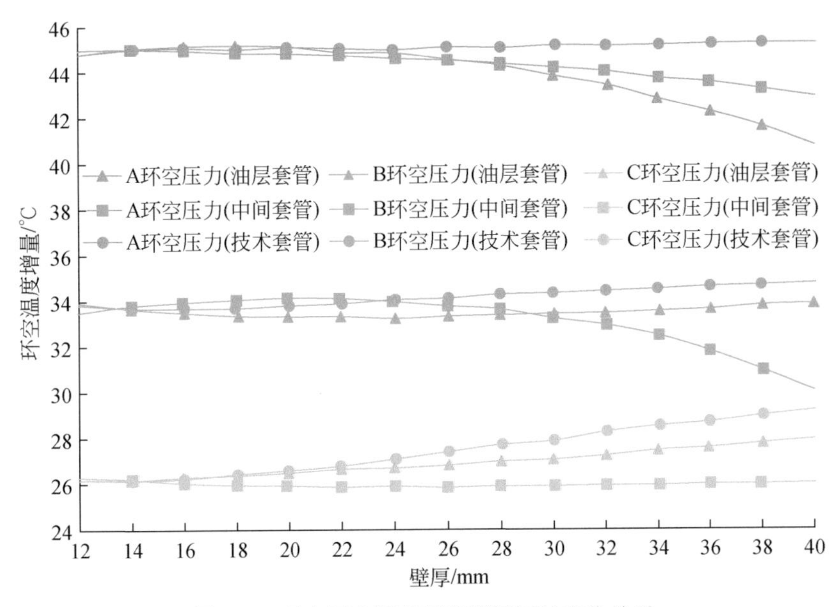


图 4.7 环空压力随各层套管壁厚的变化关系

## 4.3.2 套管弹性模量

图 4.8 显示了三环空井段内 A 环空、B 环空和 C 环空压力和环空体积随套管弹性模量的变化关系。可以看出，随着套管弹性模量的增加，A 环空和 B 环空压力上升，环空体积减小，C 环空压力和体积基本保持稳定。对于弹性结构而言，弹性模量越大，结构刚度越强，越不易产生变形，因而导致环空体积变化量减小，环空压力增大。因此可以在保证管材屈服强度的条件下，选用弹性模量较小的套管降低环空压力。

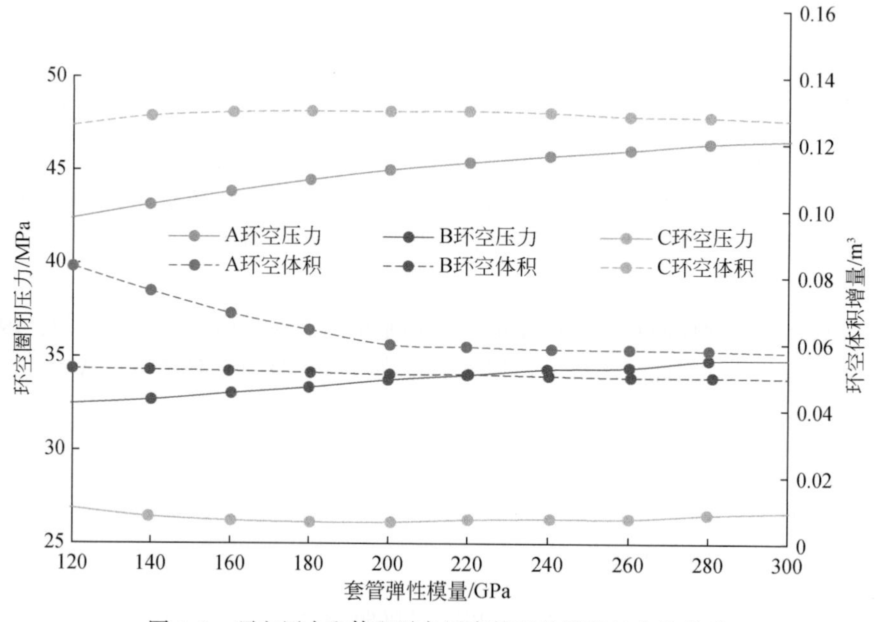


图 4.8　环空压力和体积随各层套管弹性模量的变化关系

## 4.3.3 套管热膨胀系数

图 4.9 显示了三环空井段内 A 环空、B 环空和 C 环空压力和环空体积随套管热膨胀系数的变化关系。可以看出，随着热膨胀系数的增大，各层套管环空附加压力均呈线性下降趋势。热膨胀系数是影响套管热应力和热位移的敏感参数，套管热膨胀系数的增加使得套管径向热位移增大，压缩了环空体积，提高了环空压力，同时，环空压力的升高又使得套管进一步被压缩，增大了环空体积，降低了环空压力，因此环空体积是在温度和压力耦合作用的结果。综合来看，增加套管热膨胀系数有助于增加环空体积，降低环空压力。

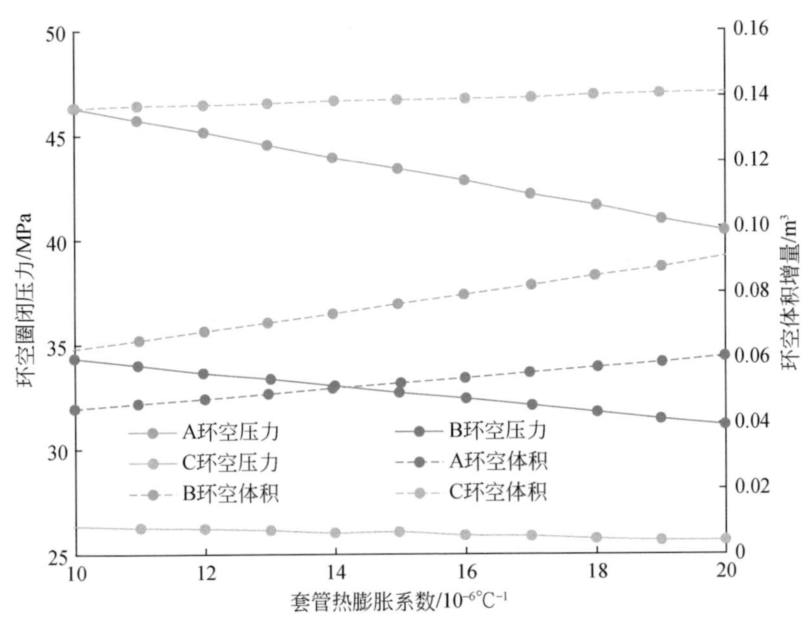


图 4.9 环空压力和体积随各层套管热膨胀系数的变化关系

# 4.4 水泥环物性参数

## 4.4.1 水泥环弹性模量

图 4.10 显示了三环空井段内 A 环空、B 环空和 C 环空压力和环空体积随水泥环弹性模量的变化关系。可以看出，随着水泥环弹性模量的增加，C 环空压力下降明显，这是由于水泥环刚度的增强，封固段套管外壁形变量减小，从而内部受压形变量加剧，增大了环空体积，降低了环空内压。因此对于封固段的套管环空，可以采取提高水泥环弹性模量的办法来控制环空压力。

## 4.4.2 水泥环热膨胀系数

图 4.11 显示了三环空井段内 A 环空、B 环空和 C 环空压力和环空体积随水泥环热膨胀系数的变化关系。可以看出，随着水泥环热膨胀系数的增加，A 环空、B 环空和 C 环空压力上升，环空体积下降。其中 C 环空压力上升幅度明显，这主要是因为热膨胀系数的提升使水泥环产生的径向热位移增加，抑制了封固段技术套管的位移，减小了 C 环空体积自由膨胀，从而增大了 C 环空压力。因此对于封固段的套管环空，同样可以采取降低水泥环热膨胀系数的办法来控制环空压力。

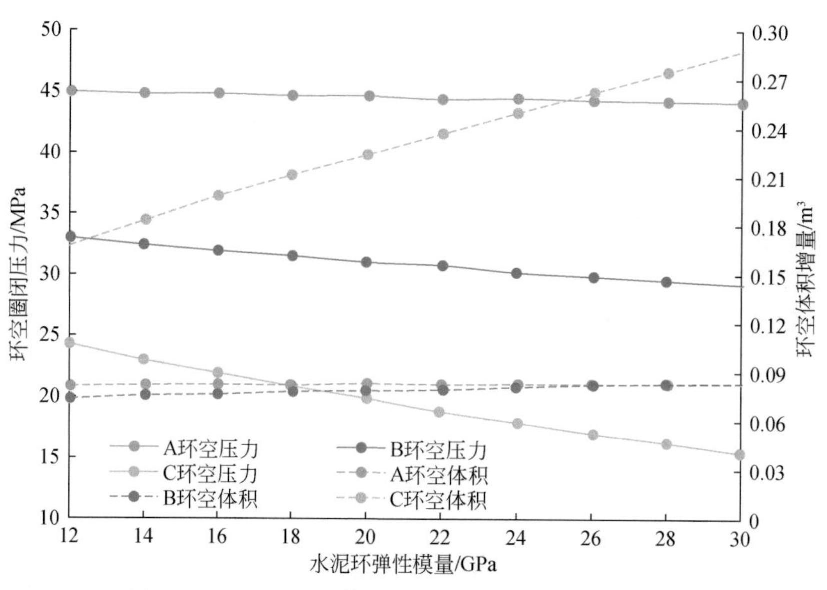


图 4. 10　环空压力和体积随水泥环弹性模量的变化关系

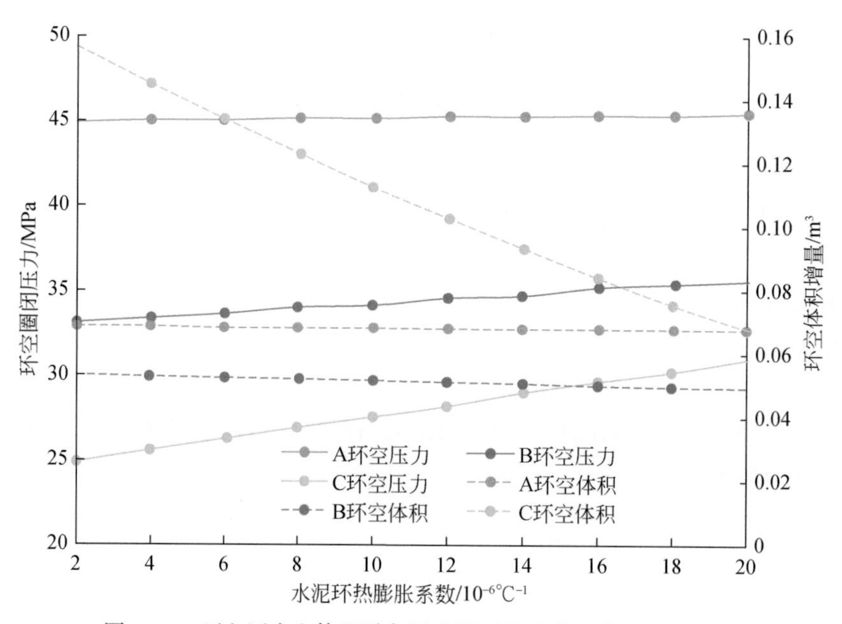


图 4. 11　环空压力和体积随各层水泥环热膨胀系数的变化关系

# 第 5 章 深水环空压力控制措施

## 5.1 环空最大许可压力

美国石油学会（API）在标准 API R90 和 API R90-2 中对环空最大许可压力（MAWOP）给出了定义：MAWOP 是对特定环空的压力限制，该值通过测定适用于任意环空及多种情况引起的环空压力，包括环空带压、套管热膨胀压力，以及操作引起的压力情况下最大的安全压力。

### 5.1.1 环空最大许可压力确定依据

在完成每个内部套管柱安装在井口的高压壳体内之后封隔生产套管与产层。生产套管使用水下井口腔室中最后一个套管悬挂器组件，生产管柱与生产套管之间的 A 环空与井口可以连通。海底生产管柱悬挂器（或海底生产管柱头）隔离 A 环空和生产套管与技术套管组成的 B 环空，但通常在两环空之间有可能存在的通路。

水下采油树通过使用外部连接器连接到海底井口，该外部连接器具有与海底管柱悬挂器匹配的承压导管。使水下采油树一方面与生产套管垂直相连，另一方面与 A 环空相通。由于生产管柱尺寸，生产套管尺寸和水下采油树结构类型（立式或卧式），A 环空可能无法与水下井口直接连通。然而，当需要压力和流体循环流通时，通过连接生产管线的环空交叉阀和循环回路连通。同时，当需要排放环空压力时，环空交叉阀和循环回路也可用于环空压力排放。并在环空控制阀下部放置电子压力传感器用于监测 A 环空压力。

水下井口的复杂结构如图 5.1 所示，结合与环空下部相连的封隔器以及环空外侧的生产套管，潜在的泄漏路径具体如下。

（1）B 环空中的水泥密封完整性破坏结合生产套管泄漏。

（2）生产封隔器泄漏。

（3）B 环空中的未被水泥封固部分结合生产套管泄漏。

（4）生产管柱连接处泄漏。

（5）生产管柱破损或油套环空封隔器失效。

（6）芯轴和控制管线泄漏。

（7）生产尾管顶部压力失效。

（8）生产套管挤毁。

（9）生产套管密封完整性由 B 环空向 A 环空泄漏。

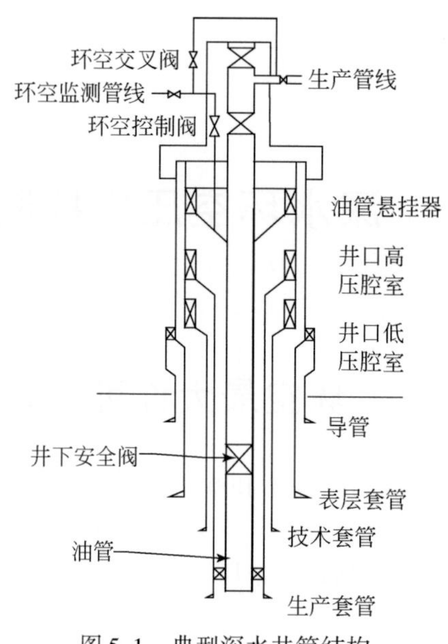


图 5.1　典型深水井筒结构

（10）生产管柱悬挂器泄漏。

（11）密封、渗透和连接处泄漏。

（12）水下采油树阀门泄漏。

其他环空同样存在泄漏的可能，其泄漏的路径具体如下。

（1）水泥密封完整性失效。

（2）未水泥封固。

（3）套管柱泄漏。

（4）套管头密封处泄漏。

（5）环空流体沉降。

MAWOP 用来决定套管环空中允许存在的最大压力。在低于 MAWOP 压力水平，管理套管环空来治理环空安全屏障（包括井口装置、完井设备和管柱的破裂或挤毁）失效、套管鞋以下地层完整性失效以及环空区域连通的风险。

MAWOP 对每个环空应该有一个单独的压力安全范围。该压力范围应该基于引起压力系统变化的每一个因素，并考虑其失效模式。

（1）支撑组成环空的内外套管的井口装置失效。

（2）组成环空的完井装置（包括生产管柱、控制管线、化学注入管线和检测管线；封隔器、滑套、气举阀等）失效。

（3）如果存在与地层裸露接触的环空自由带，地层破裂引起的失效。

（4）内层套管挤毁或外层套管破裂。

环空流体泄漏存在与其他环空压力连通的可能，或者其他具有更高压力的流体进入环空使环空压力异常升高。最危险的是环空流体泄漏致环空掏空，环空不存在热膨胀压力，同时失去静液柱压力保护，或者环空流体泄漏使环空部分掏空，温度升高不足以使剩余流体充满环空形成环空流体热膨胀力。而相邻的存在热膨胀压力的环空与掏空环空或者部分掏空环空的部分存在巨大压差，存在套管挤毁或胀破的风险。

## 5.1.2 环空最大许可压力影响因素

1. 井口装置压力等级

对于组成环空的井口装置，其压力等级是确定 MAWOP 的主要因素，表达式如下：

$$P_1 \approx 0.8 \times P_w \tag{5.1}$$

式中，$P_w$为略低于安装后用于支撑外层套管的井口装置的工作压力等级，或者井口装置最大的测试压力，MPa。在计算中，安全系数取 80%。

2. 完井设备压力等级

对于组成环空的完井设备，其压力等级也是确定 MAWOP 的主要因素，表达式如下：

$$P_2 \approx 0.8 \times (P_{cc} - \Delta P_{cc}) \tag{5.2}$$

式中，$P_{cc}$为完井设备的工作压力，MPa；$\Delta P_{cc}$为在完井设备部件的深度处的压差，MPa。在计算中，安全系数取 80%。

3. 地层破裂压力

用于确定 MAWOP 的地层破裂压力基于地层最小破裂梯度（FG），该值主要通过地层完整性测试和完钻后在套管鞋处进行漏失测试，或者通过不存在流体漏失的泥浆重度（MWG）（理想情况下为有效循环密度梯度）进行获取。在没有这些数据的情况下，基于现场经验保守考虑估计 FG 的取值范围为 0.5～0.9psi/ft，TVD 为套管鞋的实际深度。这种情况下的压力计算仅适用于存在环空与地层裸露接触的情况。

地层破裂压力作为确定 MAWOP 的主要因素，表达式如下：

$$P_3 = 0.8 \times \text{TVD}(\text{FG} - \text{MWG}) \tag{5.3}$$

在计算中，安全系数取 80%。

4. 管柱强度等级

管柱强度等级作为确定 MAWOP 的主要因素，主要通过默认评级法（DDM）、简易评级法（SDM）和显示评级法（EDM）三种方法来评价其压力等级。根据井史和现有数据选择合适的评价方法，不同评价方法可用于同一油气田的井中或相同井的不同环空中。

1）默认评级法

默认评级法相比其他评价方法最为保守并且简单，但仍然是适用于整个井筒的压力评级方法。在适用默认评级法评价环空是否安全时不需要相关数据或者分析。虽然该方法相对于其他方法准确度最低，但在环空压力处于一个较低的压力等级时可以使用。

用默认评级法在评价管柱强度等级时，不需要进一步的计算，设置环空压力最大值如下：①取最外层环空压力为 100psi（700kPa），即 $P_4 = 0.7$MPa；②取其他环空压力为 200psi（1400kPa），即 $P_4 = 1.4$MPa。

2）简易评级法

简易评级法适用于有井史数据且不考虑严重的腐蚀或者磨损情况下的井。

用简易评级法来评价内外层套管柱是否安全，各环空最大的压力等级为以下最小值：

①外层套管最小抗内压强度的 50%；②次外层套管最小抗内压强度的 80%；③内层套管最小抗挤毁强度的 75%。

即

$$P_4 = \text{Min}\ (75\% S_{ci},\ 50\% S_{bo},\ 80\% S_{boo}) \tag{5.4}$$

式中，$S_{ci}$为内层套管抗挤强度，MPa；$S_{bo}$为外层套管抗内压强度，MPa；$S_{boo}$为次外层套管抗内压强度，MPa。

对于井筒中最外层的管柱，通常为表层套管，其压力等级为以下最小值：①外层套管最小抗内压强度的 30%；②内层套管最小抗挤毁强度的 75%。

即

$$P_4 = \text{Min}(75\% S_{ci},\ 50\% S_{bo}) \tag{5.5}$$

生产管柱或套管柱的抗内压强度（MIYP）和抗挤强度（MCP）可以根据 API Bulletin5C3 计算。当套管或生产管柱由两个或更多重量级或钢级组成时，用不同重量级或钢级的套管组合产生最低的抗内压强度值和抗挤强度值的最小的压力等级作为管柱评价等级来确定 MAWOP。当套管连接强度小于管柱本体强度时，应用连接强度作为管柱评价等级。

管柱强度评级作为确定 MAWOP 的主要因素，取一定安全系数下的管柱抗内压强度和抗挤强度来减小管柱强度，确定管柱强度等级，安全系数取值主要考虑到如下因素。

（1）包括套管柱，如套管接头、螺纹、破裂盘等其他因素的最小压力等级。

（2）未知操作或环境造成的影响，如侵蚀和腐蚀。

（3）未知的套管磨损。

（4）未知的寿命因素。

在管柱强度等级确定过程中，管柱抗内压强度的安全系数取 50% 用于评价套管和生产隔水管的强度等级已经被证实在评价管柱存在破裂风险时的合理性。因为考虑到套管承受极限载荷和更高使用率的因素，更高比例的（80%）的抗内压强度被用于评价外层套管或生产隔水管柱的强度等级可用于极限载荷情况中。由于是最后一层屏障，更低比例的（30%）抗内压强度用于评价最外层套管或生产隔水管柱的强度等级。

在某些情况下，管柱强度等级的确定将建立通过套管柱 50% 的抗内压强度或者下一层套管 80% 的抗内压强度。然而，由于管柱挤毁严重影响井筒安全，在评价管柱强度等级中还需考虑管柱的抗挤强度。在管柱强度等级确定过程中，为控制内层生产管柱被挤毁的风险，内层管柱的抗内压强度安全系数取 75%。当套管连接强度小于管柱本体强度时，应使用连接强度作为管柱评价等级。

3）显示评级法

显示评级法适用于已知井拥有侵蚀和腐蚀，严重的钻柱磨损，或者在高温下工作的详细数据分析。虽然显示评级法需要这些大量的数据和分析，但可以通过在考虑管柱壁厚或者材质受到影响情况下的抗内压强度和抗挤强度，用于确定 MAWOP 的最精准的管柱强度评级。

显示评级法用于确定 MAWOP 的管柱强度等级，取下列管柱等级的最小值：①修正后的外层管柱抗内压强度的 80%；②修正后的内层管柱抗挤强度的 80%；③修正后的次外管柱抗内压强度的 100%，并引入安全系数；④修正后的外层管柱抗挤强度的 100%，并引入安全系数。

$$P_4 = \mathrm{Min}(0.8\times \mathrm{MIYP}_{\mathrm{Adjo}},\ 0.8\times \mathrm{MCP}_{\mathrm{Adji}},\ \mathrm{MIYP}_{\mathrm{Adjoo}},\ \mathrm{MCP}_{\mathrm{Adjo}}) \tag{5.6}$$

式中，$\mathrm{MIYP}_{\mathrm{Adjo}}$为修正后的外层管柱抗内压强度，MPa；$\mathrm{MCP}_{\mathrm{Adji}}$为修正后的内层管柱抗挤强度，MPa；$\mathrm{MIYP}_{\mathrm{Adjoo}}$为修正后的次外管柱抗内压强度，MPa；$\mathrm{MCP}_{\mathrm{Adjo}}$为修正后的外层管柱抗挤强度，MPa。

在管柱强度评级计算中，侵蚀和腐蚀，钻孔、电缆和连续生产管柱开槽，或者其他形式的磨损对管柱的损害引起管柱名义壁厚的明显减少，因此对内层和外层管柱的抗内压强度等级降级。除此之外，引入合适的安全系数用于修正后的抗内压强度和抗挤强度。

修正后的管体抗内压强度：

$$\mathrm{MIYP}_{\mathrm{Adj}} = (\mathrm{MIYP}\times \mathrm{UF}_{\mathrm{b}}) - \Delta P_{\mathrm{wcd}} \tag{5.7}$$

式中，MIYP 为抗内压强度；UFb 为破裂降级系数。

$$\Delta P_{\mathrm{wcd}} = (\rho_{\mathrm{out}} g\times \mathrm{TVD}) - (\rho_{\mathrm{in}} g\times \mathrm{TVD} + P_{\mathrm{out}}) \tag{5.8}$$

式中，$\Delta P_{\mathrm{wcd}}$为在危险点管柱承受的最大内外压差；TVD 为实际井深；$P_{\mathrm{out}}$为外层环空压力。

修正后的管体抗内压强度：

$$\mathrm{MCP}_{\mathrm{Adj}} = (\mathrm{MIYP}\times \mathrm{UF}_{\mathrm{c}}) - \Delta P_{\mathrm{wcd}} \tag{5.9}$$

式中，MCP 为抗挤强度；$\mathrm{UF}_{\mathrm{c}}$为挤毁降级系数；

其中，A 环空内层管柱承受的最大内外压差：

$$\Delta P_{\mathrm{wcd}} = (\rho_{\mathrm{out}} g\times \mathrm{TVD}) - (\rho_{\mathrm{in}} g\times \mathrm{TVD} + \mathrm{P}_{\mathrm{THP}}) \tag{5.10}$$

其他管柱承受的最大内外压差：

$$\Delta P_{\mathrm{wcd}} = (\rho_{\mathrm{out}} g\times \mathrm{TVD}) - (\rho_{\mathrm{in}} g\times \mathrm{TVD} + \mathrm{P}_{\mathrm{in}}) \tag{5.11}$$

式中，$P_{\mathrm{in}}$为内层环空压力；$P_{\mathrm{THP}}$为生产管柱头压力。

$\mathrm{UF}_{\mathrm{b}}$和 $\mathrm{UF}_{\mathrm{c}}$ 是考虑磨损、侵蚀、腐蚀和温度上升的降级系数，可通过考虑破裂或者挤毁的设计系数在工作压力设计时进行反算得到。不同的工况对应不同的设计系数，工业上不存在特定的标准，通常破裂设计系数取 1.1，挤毁设计系数取 1.125。

5. 其他情况

在某些情况中，压力存在于 A 环空和 B 环空之间，因为生产管柱或者井口装置存在泄漏的可能，因此 A 环空和 B 环空可能存在连通，压力系统重新平衡。在这些情况中，确定管柱强度等级来计算 MAWOP 不再适用，针对这些井的具体情况具体分析。对于生产管柱与生产套管直接没有封隔器或者没有密封，生产管柱与生产套管之间的 A 环空在生产管柱底端达到流体静力平衡，生产套管受到地层压力。除了需考虑内层管柱的挤毁压力，生产套管的 MAWOP 计算与密闭的环空相同。

如果存在两个或更多的外层套管环空压力连通（比如 B 环空、C 环空连通或者 C 环空、D 环空连通等），分隔环空的套管并不能看作有效的屏障，不能用 MAWOP 公式计算。

### 5.1.3 环空最大许可压力确定方法

基于深水井身结构，考虑深水井井口装置或完井装置失效、套管受压超过强度极限，以及地层破裂等情况，根据井口装置压力等级、完井设备的压力等级、地层破裂压力以及管柱强度等级，取所有影响因素中的最低值作为环空最大允许压力的安全值。

$$MAWOP=Min(P_1,\ P_2,\ P_3,\ P_4) \tag{5.12}$$

式中，$P_1$为井口装置压力等级，MPa；$P_2$ 为完井设备压力等级，MPa；$P_3$ 为地层破裂压力，MPa；$P_4$ 为套管强度等级，MPa。

## 5.2 环空压力防治方法

环空圈闭压力的控制流程如图5.2所示，主要由环空圈闭压力预测与环空圈闭压力控制两个部分组成。开始计算时以某一环空为例，确定其初始条件和边界条件，进入环空圈闭压力预测部分：求解由生产管柱内高温流体传热致使环空温度升高造成的环空圈闭压力。同时，通过计算API环空最大许可压力和确定环空泄压工具阈值下限，得到环空泄压工具工作阈值。判断环空圈闭压力是否高于相应环空泄压工具工作阈值。若同时低于安全阈值，则目标环空安全，此时只需判断是否为最后一层环空，若是则井筒全局压力平衡，输出结果，计算结束。而对于在环空压力大于环空泄压工具工作阈值时，进入环空圈闭压力控制部分：若目标环空为A环空，产生的圈闭压力可由井口装置释放，而对于其他环空压力过大时，则通过打开套管上的环空泄压工具，使高压流体向低压流体流动，缓解目标环空压力。随后将连通后的环空视作整体，返回初始条件和边界条件处，判断连通后的环空是否安全。若满足安全要求则继续生产，若不满足，连通后的环空则可通过井口装置从A环空的泄压阀将压力释放。

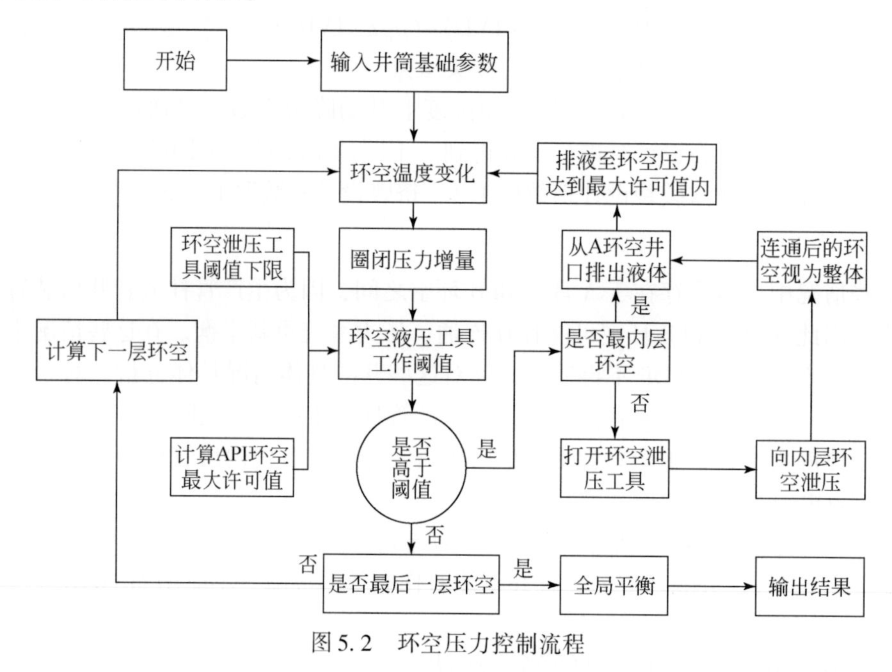


图5.2　环空压力控制流程

到目前为止，世界范围内应对深水井筒APB的常用或被认可的主要对策方案有以下10种，针对不同区域和技术条件，可以参考选取以下方案进行APB控制，以降低风险

（图 5.3）。

(1) 提高套管钢级（enhanced casing design）。

(2) 增加套管壁厚（increasing casing thickness design）。

(3) 全封固井（full-height cementing）。

(4) 采用尾管井身结构（liner cementing）。

(5) 水泥浆返至上层套管鞋以下（cement shortfall）。

(6) 安装破裂盘（rupture disc）。

(7) 可压缩泡沫材料（crushable foam wrap）。

(8) 氮气泡沫隔离液（compressible fluids）。

(9) 真空隔热油管（vacuum insulated tubing）。

(10) 隔热封隔液（insulating packer fluid）。

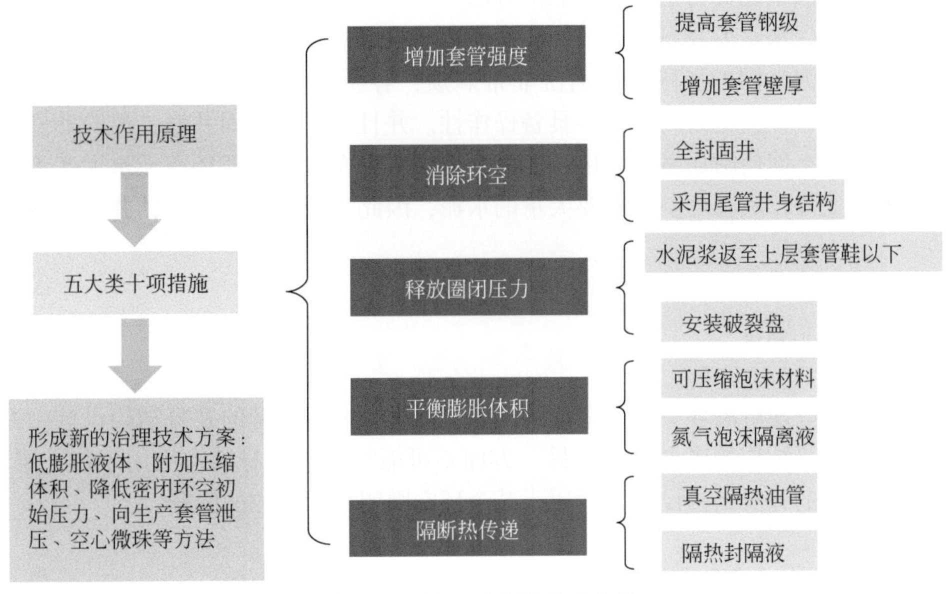


图 5.3 环空压力释放技术分类

## 5.2.1 增强套管强度

该方法是所有方法中最容易实现、最安全的一个。通过提高管材钢级和壁厚使各层套管具有足够的抗内压和外挤的能力，从而克服生产初期温度上升导致的压力上升所带来的危害。该方法很大程度上依赖于压力预测本身的精确程度，不过随着工程技术上对套管和环空温度-压力预测精度的提升，这一措施有了更强的适用性和可操作性。

但是，这种方法也存在不足之处。首先，高质量意味着高价格。在大多数情况下，该方法的需求标准远大于符合 API 标准规定的钢级和壁厚的管材，受管材加工工艺和施工工艺的限制，基本很难实现。

其次，强腐蚀性环境下对使用高级别的套管材料有一定的限制，即使在条件允许的情况下，提高钢级也意味着更高的成本。

最后是其设计理念。提高套管强度只能缓解该问题，而不是根本上消除这个问题；且这些压力的存在使系统存在明显的危险。例如，如果环形空间是开放的，且它的漏失试验压力低于设计的预期值时，则可能因环空压力值过大而导致事故发生。因此，如果可能的话应优先选择减小因温度升高而导致的压力。

## 5.2.2 全封固井

在套管完井设计中使水泥返高到井口，使环空内完全充满水泥浆，不会产生自由套管。但是，其有效性取决于水泥浆是否完全置换出环空内的钻井液。通常情况下，上述情况是无法保证的。如果残留一定量的钻井液，则在环空内的流体将会受到温度升高的影响。因此上述方法不能称为是完全可靠的方法。

此外，由于深水水下井口特点限制，水泥返高很难控制，在深水作业中，存在水下防喷器和井口被水泥封固的风险，且清洗非常麻烦，容易产生多余水泥浆堵塞井口头的风险，从而造成井口环空密封失效，不具备操作性。并且深水浅部固井漏失风险非常大，如果地层存在漏失，即使附加量足够也可能由于地层漏失而造成上部环空无水泥浆无法全封固井的结果。此外，填补环空带需要大量的水泥，因此无论是材料还是钻井的成本都是非常高的。

## 5.2.3 尾管结构

尾管可以很好地解决环空压力增加的问题，但是，采用尾管的井身结构设计一方面受到套管强度和井身结构的诸多限制，另一方面不可能将尾管井身结构应用于每一层环空。因此，采用尾管的井身结构设计只适用于某个环空圈闭压力增加的问题。

## 5.2.4 水泥浆上返高度控制

固井水泥浆返至上层套管鞋以下的固井方法在固井过程中，控制水泥浆返高低于上层套管鞋，热传递发生时，环空流体可以通过上层套管鞋流入地层中，这是一种廉价且有效的方法。

密封环空中产生高压主要有两个条件，一个是生产过程中使密封环空中液体温度升高，二是环空一定要密封。采用固井水泥顶液面低于上层套管鞋的依据就是使套管环空不能形成密封，当生产过程使环空液体温度增高时，环空液体受热膨胀，如果环空是密封的，环空压力将迅速增加，但如果不是密封的，增加的压力将泄掉，从而保证高温环境下套管的安全。

但该方法也有不利的地方，当应用该方法的时候，如果在固井中泥浆置换不是很合格，产生水泥浆窜槽，将在上层套管鞋以上形成泥浆塞，使环空形成密封圈。此外，在工程实际中并不总能提供水泥缺口，如果当设计的水泥返高略低于套管鞋时，由于在钻井液中含有一定质量的重晶石等高密度材料，当钻井或完井以及完成其他后续工序时，都将花费很长时间，此时钻井液或者隔离液中的高密度材料将会沉降，也可能形成密封的条件。

固井时控制水泥浆返高，对上层套管鞋不进行封固。这样，在环空和地层间形成一段裸露的“窗口”，使得环空中的液体可以部分渗漏至地层中，达到降低环空压力的目的(这种做法可能不符合一些国家的石油行业规定)。P. Oudeman 等在现场环空压力瞬态测试的过程中发现关井一段时间后，环空热膨胀效应引起的热膨胀效应逐渐消失，证实了环空液体消失这一现象。在 P. Oudeman 等的瞬态测试中，对于总体积约 73$m^3$的环空，当其温度升高 45℃时，约有 1.3$m^3$的环空液体渗漏至地层。P. Oudeman 等的研究表明，环空液体漏失的速度可用式（5.13）表示：

$$q=I\cdot(p-p_0) \tag{5.13}$$

式中，$I$ 为渗漏系数，$m^3/(MPa\cdot hr)$；$p$ 为环空内的压力（包括静液柱压力），MPa；$p_0$ 为渗漏处地层压力，MPa。

式（5.14）为 $t_0$时刻至 $t$ 时刻的一段时间内，环空液体渗漏至地层的总体积，对式（5.13）积分即可得 $V_{l0}$：

$$V_{l0}=\int_{t_0}^{t} I(p-p_0)\,\mathrm{d}t \tag{5.14}$$

式中，$V_{l0}$为环空液体 $t_0$时刻至 $t$ 时刻渗漏至地层的总体积，$m^3$。

获得环空液体渗漏至地层的总体积之后，根据环空压力计算的基本方程式即可获得相应的环空压力值。$I$ 为渗漏系数，其值的大小与地层的性质密切相关，通常需要根据现场的相关测试获得。除了渗漏系数 $I$ 以外，地层压力也是环空液体渗漏体积计算的重要参数。

## 5.2.5 破裂盘技术

该方法是通过在套管上安装一个破裂盘，当密封环空内压力达到破裂盘的破裂压力，外层套管上的破裂盘破裂，从而保护内、外套管不被挤毁或压裂，同时保证了内层套管串的完整性。

设计排泄孔，安装破裂盘技术允许套管在可控范围内发生破裂。当压力通过泄压通道释放来缓解 APB 时，它没有破坏井筒的完整性。然而，这种方法存在破裂盘失效的风险。另外，套管柱上安装破裂盘后，对该套管柱试压时的试压压力必须小于破裂盘的破裂压力。在套管上安装压力释放装置也有一定的局限性，由于要确保井的完整性，该方法只能用在靠外层的管材上，同时对破裂盘技术参数要求非常高。一些作业者考虑到无法承担此控制方法失效的后果，所以需要探讨和需找其他解决 APB 方案。

1. 破裂盘泄压工具

深水油井在生产过程中，当井筒流体被限制在环空当中，由于温度升高，可能会出现圈闭环空压力升高的现象。一旦密闭套管内的压力超过套管的极限强度，就会导致套管的破坏，给深水油气开发带来巨大损失。在陆地上最开始生产阶段，打开阀门就可以很好地解决这个问题。但是，对于海底油井或复杂几何形状的井，有的在环空中并未设定泄压路径。因此，无论是开放式的泄压路径或通过阀门进行泄压，必须依靠工程解决方案，以减轻 APB 带来的影响。

其中的一个减缓 APB 上升的方案是采用拥有精密的爆破片的破裂盘产品。在深水井筒的外层套管构件上安装上破裂盘装置，用于保护内层套管，其原理为当环空压力大于一定值时，破裂盘中的金属膜破裂，使内环空流体通过通道运移到外环空，进而实现压力的释放。破裂盘泄压孔开启后的结构如图 5.4 所示。

图 5.4　破裂盘泄压孔

在 1999 年，英国 BP 石油公司汲取了墨西哥湾马利姆油田事故的经验和教训，最先采用了破裂盘环空压力控制技术，并对后续相关的环空高压问题并做出防治措施。在中国南海某气田开发过程中，作业方同样采取了破裂盘环空压力控制技术以防治环空高压问题。此后，针对深水高温地区的环空压力控制技术的研究，成为各大石油公司的重点攻关课题。

哈里伯顿的 Liu 等（2016）对比分析了一口高温高压海上油井在采油破裂盘前后的压力变化，生产一年后，C 环空的压力从 109.6MPa 下降至不到 67.67MPa。另外，采用破裂盘技术降低环空压力，具有低成本、对原有设备改动较小等特点，具有广阔的应用前景。现场采用的破裂盘短节如图 5.5 所示。

图 5.5　现场破裂盘应用

2. 破裂盘结构特点

破裂盘由破裂盘阀体、破裂片和 O 形密封圈组成。其中破裂片压制在阀体内部。破裂盘的核心设计在于破裂片设计，破裂片可分为正拱型和反拱型，根据压力等级的不同，正拱型破裂盘又细分为普通型和凹槽型，破裂盘设计如图 5.6 所示，正拱型破裂盘的破裂压力范围满足 10 ~ 100MPa，反拱型破裂盘的破裂压力范围满足 10 ~ 80MPa。

(a) 正拱型破裂盘

(b) 反拱型破裂盘

图 5.6　破裂盘类型

为满足不同的压力等级和破裂方向，破裂片的结构可分为正拱普通型（LP）、正拱开缝型（LC）和反拱开缝型（YC），如表 5.1 所示。

**表 5.1　破裂片分类**

| 类型 | 型式 | 产品 | 描述及用途 | 承压方向 | 破裂压力/MPa | 适用介质 |
|---|---|---|---|---|---|---|
| 正拱型 | 普通型 |  | 系统压力作用在破裂片凹面，系统超压时发生塑性变形最终破裂 |  | 0.02 ~ 1000 | 气液 |
|  | 开缝型 |  | 破裂片的拱面加工有十字缝，破裂沿十字缝 |  | 10 ~ 1000 | 气液粉尘 |
| 反拱型 | 开缝型 |  | 破裂片的拱面加工有十字缝，破裂沿十字缝 |  | 10 ~ 1000 | 气液粉尘 |

破裂盘的结构尺寸设计完全参照常规破裂盘结构尺寸，大体结构如图 5.7 所示。

破裂盘中 O 形圈安装于破裂盘中部阶梯位置，如图 5.8 所示，作用在于密封两侧通道。安装过程需涂抹适量的润滑油。

外层套管上安装套管破裂盘，套管破裂盘安装在外层套管上，用于保护内层套管，当压力达到破裂盘的额定压力时，爆破片就会开启，打开泄压装置，破裂盘中的金属膜破裂，使内环空流体通过通道运移到外部环空，进而实现压力地释放。当破裂盘处于工作状

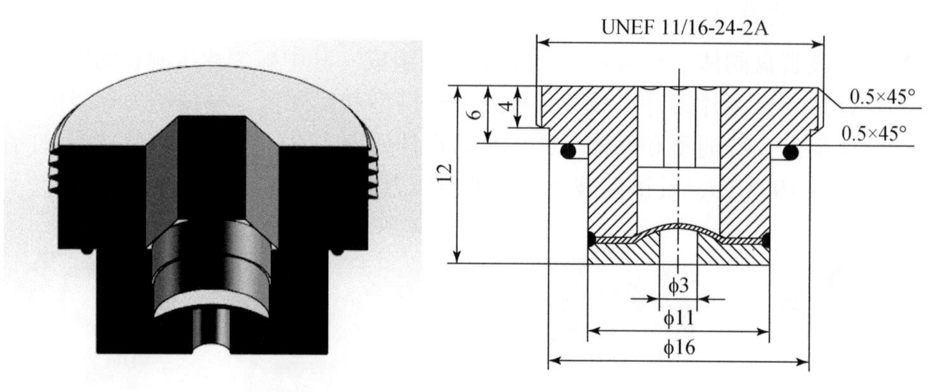


图 5.7　破裂盘结构图

态时，可以增加或者减少设定的额定压力，保证环空压力正常、井筒完整，如图 5.9 所示。因为具备破裂启动时间短、破裂压力恒定和单一压力差激活等特点，目前使用较为广泛。

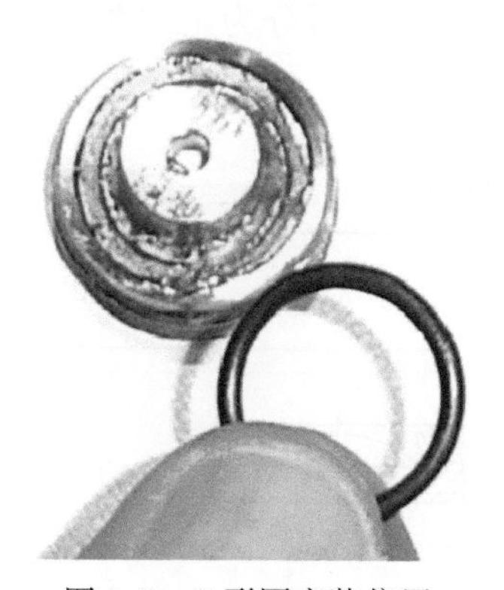

图 5.8　O 形圈安装位置

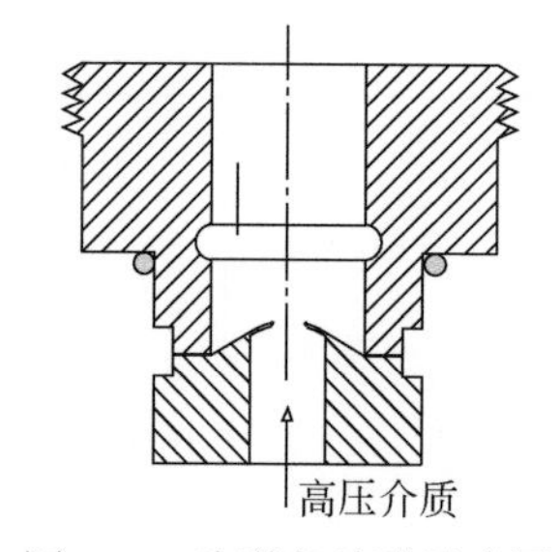


图 5.9　破裂盘破裂示意图

3. 破裂盘结构有限元分析

对破裂盘进行有限元模拟，模拟普通无开缝破裂盘的应力分布情况，内压设定为 80MPa，外压设定为 25MPa，材质为普通结构钢，弹性模量 Ep=210GPa，泊松比 0.25；破裂盘直径 16mm，厚度 12mm。

最大应力云图如图 5.10 显示，最大应力作用于破裂片上，螺纹处的应力也较为明显，因此，在加工和测试上，应着重测试破裂片的破裂压力和螺纹的密封情况。

由图 5.11 和图 5.12 可看出，最大位移发生在破裂片上，符合设计要求。

破裂盘的破裂压力用有限元无法准确预测，因此，需要开展测试，通过试验选择合理的破裂片，且加工的破裂盘的破裂压力稳定，误差在合理范围内。

4. 破裂盘性能室内测试

1）室内测试方案

测试破裂盘的型号及参数具体如表 5.2 所示。

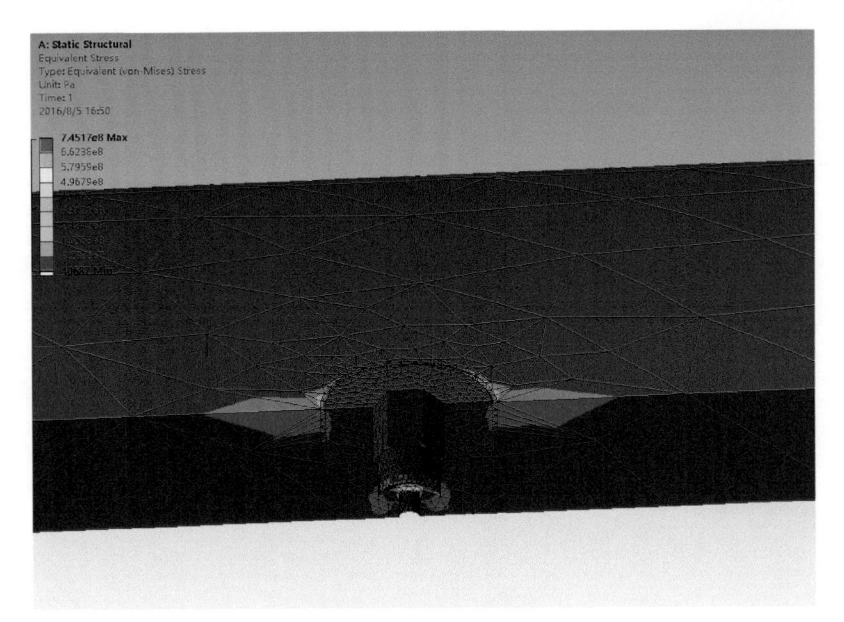


图 5.10　最大应力云图

**表 5.2　破裂盘参数**

| 序号 | 破裂盘标定型号 | 型号与规格 | 技术参数/psi | 计量单位 | 需求数量 |
|---|---|---|---|---|---|
| 1 | 2100psi | 外向型 | 2100 | 个、次 | 10 |
| 2 | 3000psi | 外向型 | 3000 | 个、次 | 10 |
| 3 | 4000psi | 外向型 | 4000 | 个、次 | 10 |
| 4 | 5300psi | 外向型 | 5300 | 个、次 | 10 |

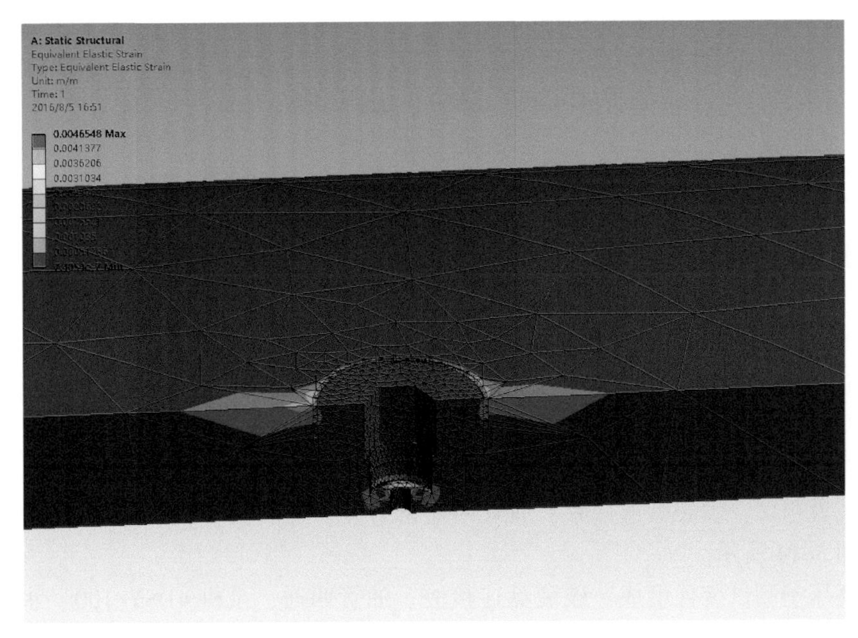


图 5.11　最大位移云图（一）

图 5.12 最大位移云图（二）

选取 4 个压力等级破裂盘，分别为 2100psi、3000psi、4000psi、5300psi，每个型号 10 个样品。每个等级分两组，一组为常温 23℃测试，另一组为高温测试，如图 5.13 所示。

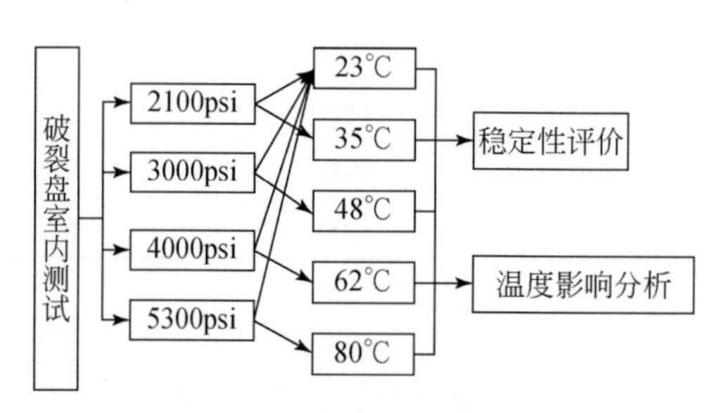


图 5.13 小型高压釜测试流程

测试流程：5 ~ 6min/个，增压至 80% ~ 85% 标定压力，持续 3min 的保压，再增压至破裂。

破裂盘的测试流程如下：

（1）水箱将流体温度升至测试温度。

（2）2100psi 破裂盘安装于测试腔内。

（3）连通测试腔体，增压至 80% ~ 85% 标定压力，保压 3min。

（4）增压至标定压力，最高不超过标定压力的 120%，记录数据。

2）室内测试装置

测试装置包含：破裂盘连接腔、油管四通密封腔、进出液管线、泵及压力控制系统。示意图如图 5.14 所示。

小型高压釜测试装置组成：破裂盘连接腔、油管四通、泵机 4DSY/100、水箱和压力传感器。优点：更高的测试精度、压力控制灵活。

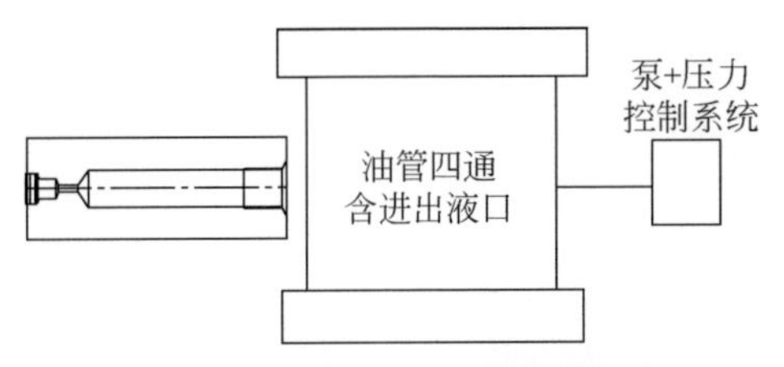


图 5. 14　小型高压釜测试装置示意图

破裂盘连接腔的结构如图 5. 15 所示，该腔体的气密封螺纹连接油管四通和破裂盘，其作用是方便安装测试破裂盘，且腔体容积小、操作方便。

图 5. 15　破裂盘连接腔

油管四通的尺寸参数如表 5. 3 所示，油管四通上部通道采用法兰封装，内含有压力传感器和温度传感器，下部通道用盲板焊接固封。测试所用高压泵机和测试坑分别如图 5. 16 和图 5. 17 所示。

**表 5. 3　油管四通的尺寸参数**

| 参数 | 取值 |
| --- | --- |
| 内径/mm | 150 |
| 高/mm | 220 |
| 压力上限/MPa | 30 |
| 进液口尺寸/mm | 18 |
| 密封形式 | 法兰密封+板阀密封 |

3）测试结果分析

对 4 个压力等级的总计 40 个破裂盘进行测试试验。

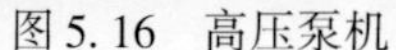
图 5.16　高压泵机

图 5.17　测试坑

2100psi 破裂盘分别进行 23℃和 35℃测试，测试结果如图 5.18 所示。破裂盘总体性能较为稳定，并能满足 80% 压力条件保压测试的要求，总体误差符合设计要求。23℃条件下测试结果显示平均破裂压力 15.31MPa，最大误差 5.7%；35℃条件测试最大破裂压力 15.12MPa，最大误差 4.88%。

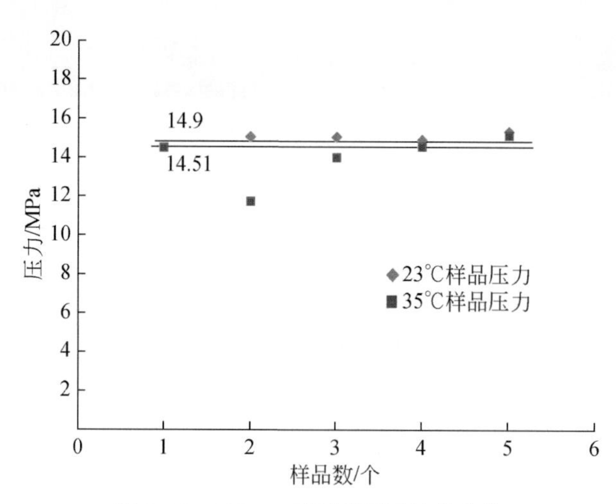


图 5.18　2100psi 破裂盘测试结果曲线

3000psi 破裂盘分别进行 23℃和 48℃测试，测试结果如图 5.19 所示。破裂盘总体性能较为稳定，并能满足 80% 压力条件保压测试的要求，总体误差符合设计要求。23℃条件下测试结果显示平均破裂压力 21.53MPa，最大误差 4.69 %；48℃条件测试最大破裂压力 21.77MPa，除 16 号样品开启压力较低，误差 12.81%，其余均在 5% 以内，符合设计要求。

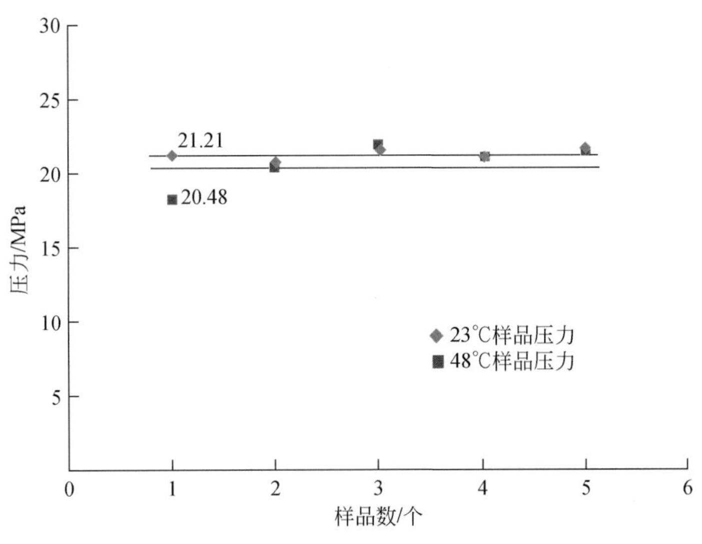


图 5.19 3000psi 破裂盘测试结果曲线

4000psi 破裂盘分别进行 23℃和 62℃测试，测试结果如图 5.20 所示。破裂盘总体性能较为稳定，并能满足 80% 压力条件保压测试的要求，总体误差符合设计要求。23℃条件下测试结果显示平均破裂压力 29.7MPa，最大误差 7.66%；62℃条件测试最大破裂压力 29.08MPa，最大误差 7%，符合设计要求。

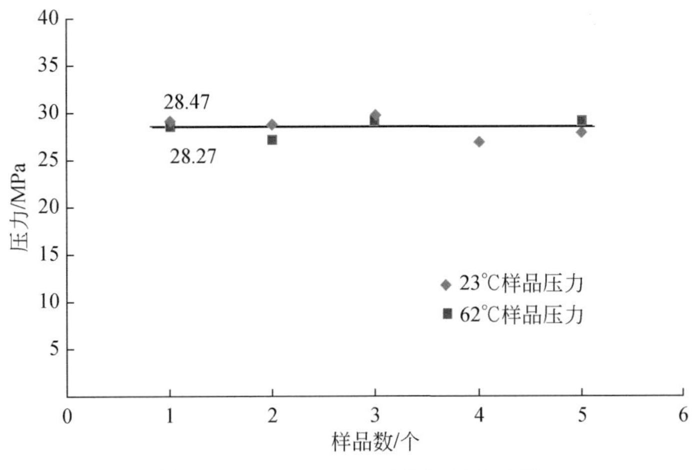


图 5.20 4000psi 破裂盘测试结果曲线

5300psi 破裂盘分别进行 23℃和 80℃测试，测试结果如图 5.21 所示。破裂盘总体性能较为稳定，并能满足 80% 压力条件保压测试的要求，总体误差符合设计要求。23℃条件下测试结果显示平均破裂压力 38MPa，最大误差 8.18%；80℃条件测试最大破裂压力 36.7MPa，最大误差 4%，符合设计压力要求。

通过 4 个压力等级的 32 个测试样品的测试，结果显示压力总体稳定，随温度的升高，破裂压力有微小降低，但从 23℃升高到 80℃压力总体变化小于 5%。

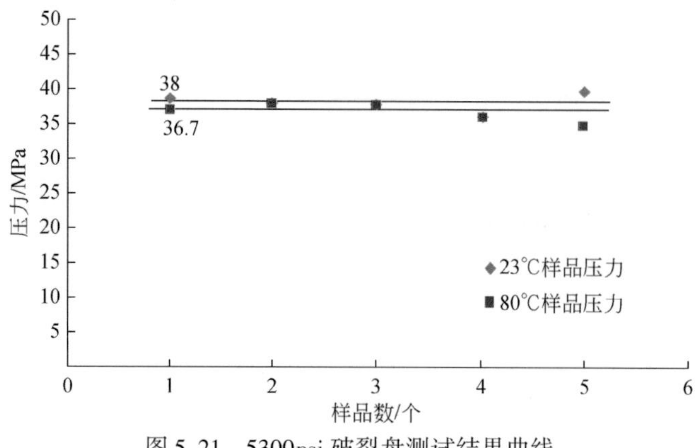


图 5.21　5300psi 破裂盘测试结果曲线

4）APB 应对措施

各种应对措施的对比情况如表 5.4 所示。

**表 5.4　APB 应对技术措施及技术特点**

| 序号 | 技术措施 | 主要技术特点分析 | 应用范围 | 可靠性 | 费用 |
|---|---|---|---|---|---|
| 1 | 提高套管钢级和增加套管壁厚 | 在温度变化没有造成超越套管压力极限范围情况下，此方案是非常可靠的，但是应考虑到套管内径的减小可能会影响到有效内径，对下一级套管造成影响。当温差较大时，性能要求远远高于 API 标准管材，受管材加工工艺和施工工艺的限制，很难实现 | 广 | 好 | 低 |
| 2 | 全封固井 | 深水地层薄弱，漏失风险非常大，水泥附加量不好确定，太大容易堵塞井口 | 广 | 差 | 高 |
| 3 | 采用尾管井身结构 | 采用尾管井身结构可以通过下入尾管很好地解决其中相应套管环空压力上升问题，但受套管强度及井身结构限制，不可能每层环空之间都以下入尾管的方式规避，所以该种方法只能在特殊条件下解决某个环空压力上升的问题 | 广 | 好 | 低 |
| 4 | 水泥浆返至上层套管鞋以下 | 由于此方案最经济而不影响施工程序，大多数钻井方案都会考虑用此策略。但实际作业风险大，水泥浆前置液体或泥浆沉淀会造成缺口封闭，扩眼或水泥浆窜槽导致水泥返高不确定，与法规要求和弃井要求不适应 | 很少 | 好 | 低 |
| 5 | 真空隔热油管 | 限制油管内的热量传至周边环空。比较昂贵，采办周期长。作业费时，下入速度较慢，但是相对比较可靠 | 广 | 好 | 高 |
| 6 | 隔热封隔液 | 主要用于减少对流换热，有效性有待证实，正处于开发研究阶段 | 广 | 好 | 高 |
| 7 | 氮气泡沫隔离液 | 原理同可压缩泡沫技术；环空中注入 10% ~25% 环空体积的可压缩气体；氮气泡沫隔离液中氮气体积分数若超过 35%，该方法不适用；行业已经开始使用，工艺复杂，需要注氮气设备 | 广 | 好 | 低 |

续表

| 序号 | 技术措施 | 主要技术特点分析 | 应用范围 | 可靠性 | 费用 |
| --- | --- | --- | --- | --- | --- |
| 8 | 可压缩泡沫材料 | 安装在油层套管外面，最大体积应变可达 30%。运输困难，下套管及固井过程中动态激动压力大。市场产品比较成熟 | 广 | 好 | 低 |
| 9 | 安装破裂盘 | 通常安装在技术套管上，保护油层套管；破裂盘破裂压力值为内层套管抗挤强度的 80%；通常在一个短节上安装两个破裂盘，180°对称分布；工业上已经使用比较成熟 | 广 | 好 | 低 |

## 5.2.6　可压缩泡沫材料

通过可压缩泡沫材料来有效降低环空压力的方法已经在现场作业中取得了不错的效果。中海油公司在海外投资的第一个深水开发项目在尼日利亚海上 OML130 区块就采用过这种技术方案。该预防措施是在内层套管上安装一定数量的可压缩泡沫材料，环空压力主要是深水油气井生产时，高温流体使得环空内流体的温度升高，体积膨胀，而密闭环空又无法为热膨胀效应增加的体积提供足够的膨胀空间，因此就会使环空压力增加，对套管产生过大的挤压力。可压缩泡沫材料能够为热膨胀的流体提供足够的空间，从而降低环空压力。由于环空液体本身的可压缩性不大，当环空压力增大到一定程度的时候，可压缩泡沫材料受压缩开始变形，为流体膨胀释放一定的空间，从而降低环空压力。

通常利用模块化安装的技术手段，将可压缩泡沫材料安装在 356.00mm 的套管柱上，见图 5.22 和图 5.23。泡沫模块的长度通常在 0.94m，每 4 个模块组成 1 组。1 根套管长度在 10m 左右，因此每根套管可以安装 10 组泡沫模块，总长约为 9.4m。

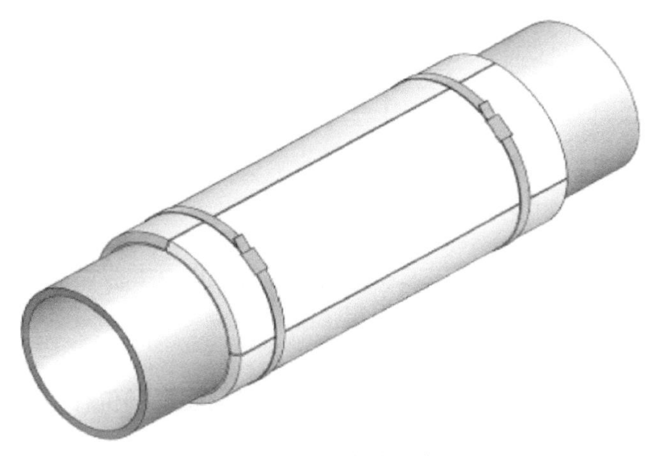

图 5.22　泡沫套管示意图

1. 可压缩泡沫释放环空压力模型研究

由第 3 章可知，在深水油气井生产期间，油管和生产套管之间的环空压力最为明显，

图 5.23　现场安装可压缩泡沫套管

给套管安全、井筒完整性和套管安全带来的威胁最大。有效释放该层环空中的环空压力尤为关键。建立模型以模拟可压缩泡沫对油管和套管间的环空压力作用机理，如图 5.24 所示。

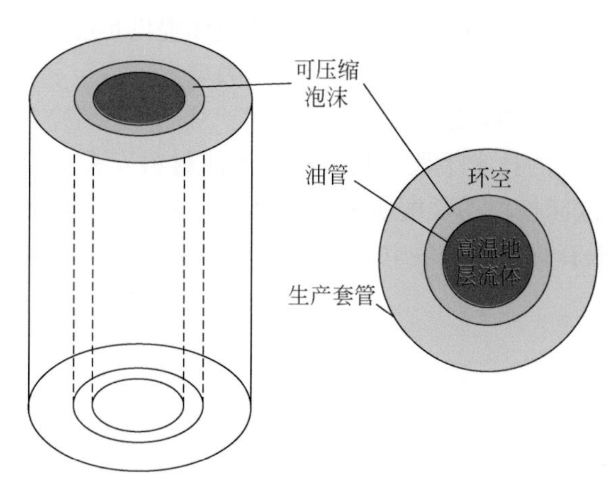


图 5.24　可压缩泡沫释放环空压力示意图

在建立可压缩泡沫与环空压力相关计算模型之前，作以下假设：

（1）生产套管内高温地层流体压力恒定。

（2）可压缩泡沫相关力学参数已知。

（3）相较于可压缩泡沫的体积变形，套管受热径向变形和位移引起的环空体积变化较小，可忽略不计。

（4）忽略可压缩泡沫带来的传热影响。

以该段为研究对象，进行热弹性力学求解。

平衡方程：

$$\frac{\mathrm{d}\sigma_r}{\mathrm{d}r}+\frac{\sigma_r-\sigma_\theta}{r}=0 \tag{5.15}$$

几何方程：

$$\begin{cases}\varepsilon_r=\dfrac{\mathrm{d}u}{\mathrm{d}r}\\ \varepsilon_\theta=\dfrac{u}{r}\end{cases} \tag{5.16}$$

$$\varepsilon_r=\frac{1}{E}[\sigma_r-\mu(\sigma_\theta+\sigma_z)]+\alpha\Delta T \tag{5.17}$$

$$\varepsilon_\theta=\frac{1}{E}[\sigma_\theta-\mu(\sigma_r+\sigma_z)]+\alpha\Delta T \tag{5.18}$$

$$\varepsilon_\theta=\frac{1}{E}[\sigma_\theta-\mu(\sigma_r+\sigma_z)]+\alpha\Delta T \tag{5.19}$$

对于平面应变问题，轴向位移 $w=0$，则联立上述基本方程，可得可压缩泡沫的径向位移和应力分量，分别为

$$u=\frac{1+\mu}{1-\mu}\alpha\frac{1}{r}\int_a^r\Delta Tr\mathrm{d}r+\overline{C_1 r}+\frac{C_2}{r} \tag{5.20}$$

式中，$u$ 为可压缩泡沫径向位移，m；$r$ 为半径，m；$E$ 为可压缩泡沫弹性模量，MPa；$\mu$ 为可压缩性泡沫泊松比；$\alpha$ 为可压缩性泡沫热膨胀系数，℃$^{-1}$；$\sigma$ 为径向应力，MPa；$\sigma_\theta$ 为周向应力，MPa；$\sigma_z$ 为轴向应力，MPa；$\varepsilon_r$ 为径向应变，无量纲；$\varepsilon_\theta$ 为周向应变，无量纲；$\varepsilon_z$ 为轴向应变，无量纲。

当内半径为 $a$，外半径为 $b$ 时，对应的边界条件为

$$\begin{cases}\sigma_r\big|_{r=a}=-p_1\\ \sigma_r\big|_{r=b}=-p_2\end{cases} \tag{5.21}$$

式中，$p_1$为套管内压，MPa；$p_2$为环空压力，MPa。

可得在内、外压力和温度共同作用下，可压缩泡沫径向位移的表达式为

$$u=\frac{1+\mu}{E}\left[\frac{a^2b^2+(1-2\mu)a^2r^2}{(b^2-a^2)r}p_1-\frac{a^2b^2+(1-2\mu)b^2r^2}{(b^2-a^2)r}p_2\right]+\frac{1+\mu}{1-\mu}\frac{a}{r}\int_a^r\Delta Tr\mathrm{d}r+\frac{(1+\mu)(1-2\mu)}{1-\mu}\frac{ar}{b^2-a^2}\int_a^b\Delta Tr\mathrm{d}r+\frac{1+\mu}{1-\mu}\frac{\alpha a^2}{(b^2-a^2)r}\int_a^r\Delta Tr\mathrm{d}r \tag{5.22}$$

当环空液体温度升高 $\Delta T$、环空压力增加 $\Delta p$，油管中压力恒定时，在可压缩泡沫外壁（$r=b$）处的径向位移为

$$u_b=\frac{1+\mu}{E}\frac{a^2b+(1-2\mu)b^3}{b^2-a^2}p_1+(1+\mu)\alpha\Delta Tb \tag{5.23}$$

则可压缩泡沫压缩引起的体积变化量为

$$\Delta V_{\mathrm{foam}}=\pi[b^2-(b+u_b)^2]L \tag{5.24}$$

当可压缩泡沫被压缩时，环空体积增加。可压缩泡沫压缩的体积即为环空增加的体积，因此环空体积变化为

$$\Delta V_{\mathrm{foam}}=\Delta V_{\mathrm{ann}} \tag{5.25}$$

2. 模型求解

综合式（5.22）~式（5.25）采用迭代法即可计算采用可压缩泡沫后环空压力大小。式（3.35）给出了水的热膨胀系数和等温压缩系数之比随温度的非线性变化关系。采用迭代法即可求得环空压力值，计算流程如图5.25所示。

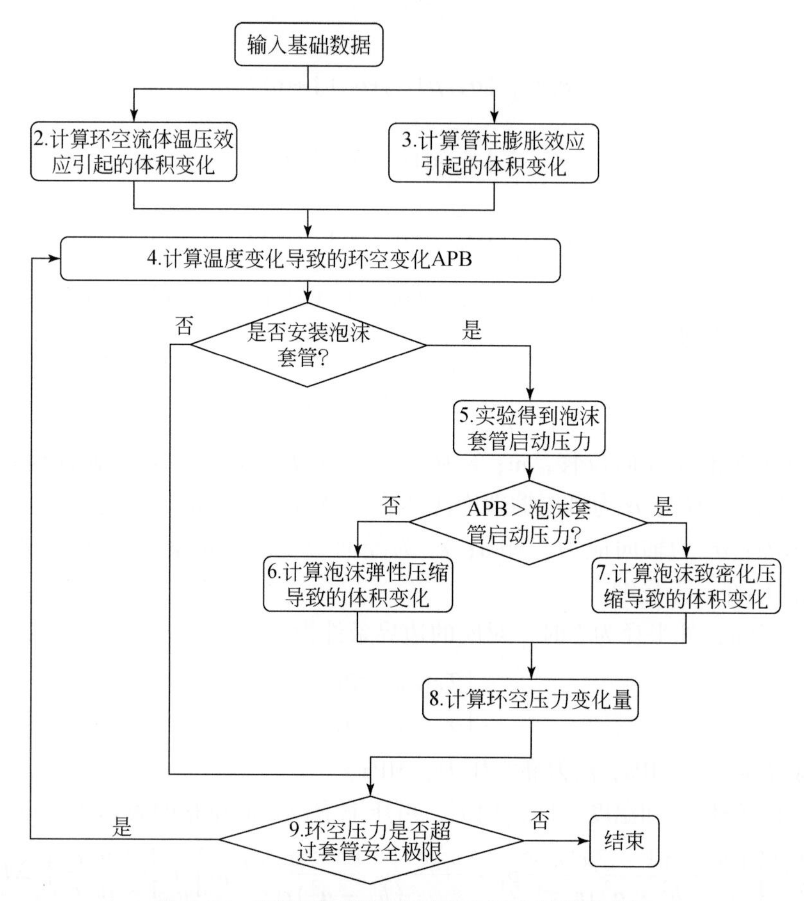


图5.25　安装可压缩泡沫时环空压力计算流程图

采用迭代法计算安装可压缩泡沫时环空压力主要步骤如下。

（1）将温度由初始温度 $T_0$ 至最终温度 $T$ 均分 $i$ 份。

（2）初始计算时，温度升高 $\Delta T$，令可压缩泡沫体积变化量为 $\Delta V_{\mathrm{ann}}=0$。

（3）计算温度升高 $\Delta T$、$\Delta V_{\mathrm{ann}}=0$ 时的环空压力 $\Delta p_0$ 以及此时的可压缩泡沫半径变化量 $\Delta r$。

（4）重新计算环空体积变化量 $\Delta V_{\mathrm{ann}}$。

（5）计算温度升高 $\Delta T$、环空体积变化 $\Delta V_{\mathrm{ann}}$ 时的环空压力 $\Delta p$。

（6）判断 $\Delta p$ 与上一循环计算的结果之间的误差是否满足要求。

（7）若结果不满足要求，则令 $\Delta p=\Delta p_0$，并重新计算环空体积变化量 $\Delta V_{\mathrm{ann}}$ 和环空压 $\Delta p$，直至结果符合设定精度要求。

（8）若结果满足要求，则输出该温度下的环空压力；判断所有温度节点是否计算完毕，若未计算完毕，则重复步骤（4）~（8），直至所有节点计算完毕。

（9）结果分析。

3. 算例分析

为了计算采用可压缩泡沫后环空压力的变化情况，我们采用一算例进行模拟计算和分析。以图 5.24 为算例模型，油管外安装一层可压缩泡沫，两端密闭，环空中充满水。环空中水的初始温度为 10℃，分析其温度升高至 50℃时环空压力变化情况。其相关参数如表 5.5 所示。

**表 5.5 可压缩泡沫降低环空压力算例输入参数**

| 参数名称 | 数值大小 | 参数名称 | 数值大小 |
|---|---|---|---|
| 可压缩泡沫内径 | 0.08m | 可压缩泡沫外径 | 0.11m |
| 杨氏模量 | 5GPa | 泊松比 | 0.35 |
| 可压缩泡沫热膨胀系数 | $2\times10^{-5}$℃ | 环空液体热膨胀系数 | $4.83\times10^{-4}$MPa |
| 环空液体压缩系数 | $4.65\times10^{-4}$MPa | 套管内径 | 0.2m |

图 5.26 为环空温度在 10 ~ 50℃变化时，环空压力随温度的变化关系。温度高时，环空压力升高较明显；温度低时，环空压力升高较小。当安装可压缩泡沫时，随着温度的升高，可压缩泡沫一方面受热膨胀，使得环空压力增加；另一方面，受到环空压力的作用而压缩，降低环空压力。环空压力随温度的变化趋势与未采用可压缩泡沫时有类似的变化特征，但环空压力值偏小，且温度越高，环空压力值的降低效果越明显。

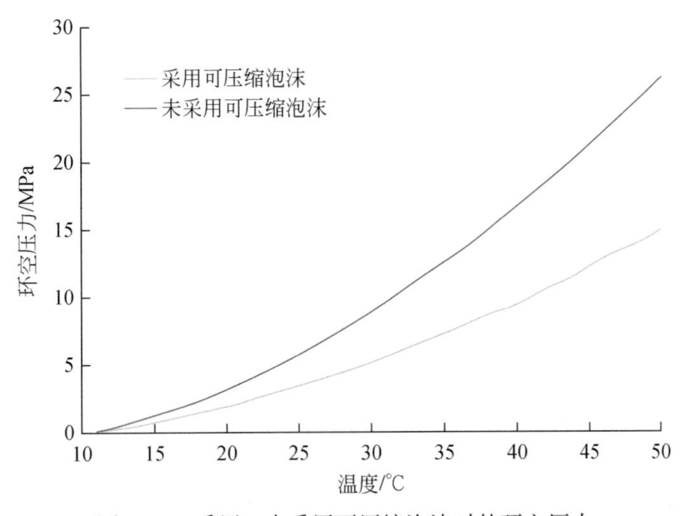


图 5.26 采用、未采用可压缩泡沫时的环空压力

图 5.27 显示当环空温度较低时，环空压力较小，因而可压缩泡沫体积压缩率较低；当环空温度较高时，环空压力升高，可压缩泡沫体积压缩率升高，环空压力得到有效释

放。图 5. 28 为可压缩泡沫体积压缩率随环空压力之间的变化关系。由图可知，当可压缩泡沫体积压缩率较小时，环空压力以及环空压力降低效果均较低。当可压缩泡沫的体积压缩率达到 2. 5% 以上时，环空压力降低效果较为明显，可有效释放环空压力。

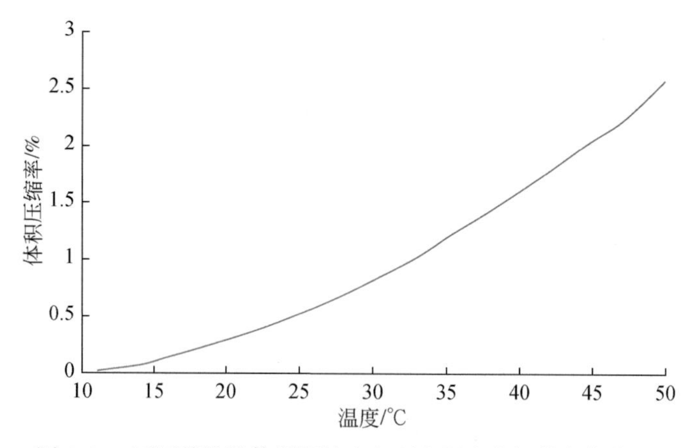


图 5. 27　可压缩泡沫体积压缩率与环空温度之间的变化关系

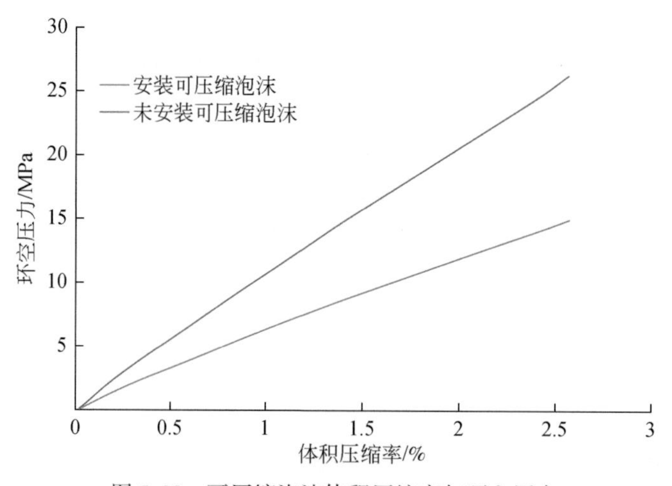


图 5. 28　可压缩泡沫体积压缩率与环空压力

算例模拟分析结果表明，利用可压缩泡沫的压缩性强的特点，可以释放环空中由于热膨胀效应产生的环空压力。较小的可压缩泡沫体积压缩率即可有效降低环空压力。实际作业施工中，可压缩泡沫一般采用模块化的方式安装在油管或内层套管上。同时，考虑到下套管施工作业的便捷性，一般可压缩泡沫只安装在油管或套管本体，而在接头部分则不安装。

## 5. 3　套管环空压力管理措施及流程

针对 5. 2 节提到的各种常用防治方法，套管环空压力管理技术措施具体如下。

（1）提高套管钢级和增加套管壁厚：通过提高套管钢级和增加套管壁厚使各层套管具有足够的抗内压和外挤的能力，从而克服生产初期温度上升而导致的压力上升带来的危害。该方法在一定条件下是解决此类问题的最好办法，但大多情况下，往往需要远大 API RP90 标准（Management of Sustained Casing Pressure on Offshore Wells）规定的钢级和壁厚的管材，受管材加工工艺和施工工艺的限制，基本很难实现。

（2）采用恰当的固井方式：如果条件允许，可以采用全封固井方式解决该问题（确保有很好的固井质量)，但由于深水水下井口特点限制，容易产生多余水泥浆堵塞井口头的风险，从而造成井口环空密封失效，不具备操作性。此外，深水浅层固井漏失风险非常大，如果地层存在漏失，即使附加量足够也可能由于地层漏失而造成上部环空无水泥浆而无法全封固井的结果。此外，可将固井水泥浆返至上层套管鞋以下，该种方法在固井过程中，控制水泥浆返高低于上层套管鞋，热传递发生时，环空流体可以通过上层套管鞋流入地层中，此方法在条件允许情况下可行，但也需要承受较大的风险，如尼日利亚某油田在 20in 表层套管以下有油气层，使用该方法风险极高。

（3）采用尾管井身结构：采用尾管井身结构可以通过下入尾管很好地解决其中相应套管环空压力上升问题，但受套管强度及井身结构限制，不可能每层环空之间都以下入尾管的方式规避，所以该方法只能在特殊条件下解决某个环空压力上升的问题。

可压缩泡沫技术：可压缩泡沫技术是通过特殊的可压缩合成泡沫包裹在需要克服压力上升而采取措施的管材上，当密闭的空间内压力上升到一定数值时，合成泡沫开始变形，增加环空空间从而吸收压力的方法。

（4）注入可压缩气垫：通过在密闭环空空间注入惰性气体，如氮气，原理与可压缩泡沫技术原理相同，都是通过增加密闭环空的空间而达到吸纳多余压力的目的。注入可压缩气垫是较为理想的解决生产初期压力上升的技术方案，但实际操作难度非常大，如何注入氮气是其最关键的部分，势必会因为大大增加作业周期而产生高昂的作业费用。

（5）在套管上安装压力释放装置：该方法是通过在套管上安装一个破裂盘，当内压或者外压达到套管破裂或者挤压变形前，破裂盘爆破从而释放密闭空间的压力。该方法可以避免压力上升而损坏套管。在套管上安装压力释放装置也有一定的局限性，由于要确保井的整性，该方法只能用在靠外层的管材上，同时对破裂盘技术参数要求非常高。

## 5.4 环空压力风险判定标准

依据 API RP90 标准，将环空带压风险等级分为如下三大类。

（1）环空带压值小于等于 $P_1$ 即 0.69MPa 时，环空带压气井可正常工作，但需要定期监测其带压状况，此时，环空带压风险为Ⅰ级。

（2）环空带压值大于 0.69MPa 但小于其最大许可带压值，此时需要持续监测环空带压值，并通过泄压/压力恢复操作、液面测试等方法判断流体泄漏的途径并为之制定合理的应对措施。①环空泄压后，环空压力可以降为零，关闭阀门后，如果环空压力不恢复，则说明环空带压是由热效应引起的，气井完整性并未遭到破坏，油套管柱完整，将此风险定义为Ⅱ级；若环空压力增长缓慢，表明可能存在微渗的情况，需要进一步进行判断，将此风险定义为Ⅲ级；若环空压力迅速回升，表明环空气窜较为严重，存在较大的泄漏通道，需要及时判断出泄漏程度，将此风险定义为Ⅳ级；②环空泄压后，环空压力无法降为零，表明气井安全屏障元件失效，导致环空带压井气窜严重，为防止风险升级，需进行环空带压具体原因如泄漏原因与泄漏位置的判断，制定合理的控制措施，将此风险定义为Ⅴ级。

（3）环空带压值大于最大许可带压值即当环空压力大于最大许可带压值时，需要立即开展油气井安全诊断并制定相应的修井方案，将此风险定义为Ⅵ级。

# 第6章 深水环空压力释放工具

## 6.1 破裂盘技术

深水油井在生产过程中，不同环空温度和压力均会随着生产的进行而升高。在套管上安装破裂盘之后，套管内、外压差达到一定值之后，破裂盘即会打开。压力较高的内层环空中的液体会部分流入外层环空，使得内外层环空温度和压力重新达到平衡。哈里伯顿公司的 Liu Zhengchun，Robello Samuel 等对欧洲北海某口海上高温高压井的现场实测研究表明，当油井不采取破裂盘技术或其他压力释放技术，生产 1 年之后，C 环空的环空压力将高达 67.67MPa。使用破裂盘技术之后，C 环空的环空压力将降至 9.68MPa。另外，采用破裂盘技术降低环空压力，具有低成本、对原有设备改动较小等特点，具有广阔的应用前景。

### 6.1.1 工作原理及适用条件

1. 工作原理

环空泄压工具如图 6.1 所示，通常置于密闭环空间套管，用于防止生产期间的高温流体在产出过程中向密闭环空流体传热，致使密闭环空流体受热膨胀进而导致环空圈闭压力

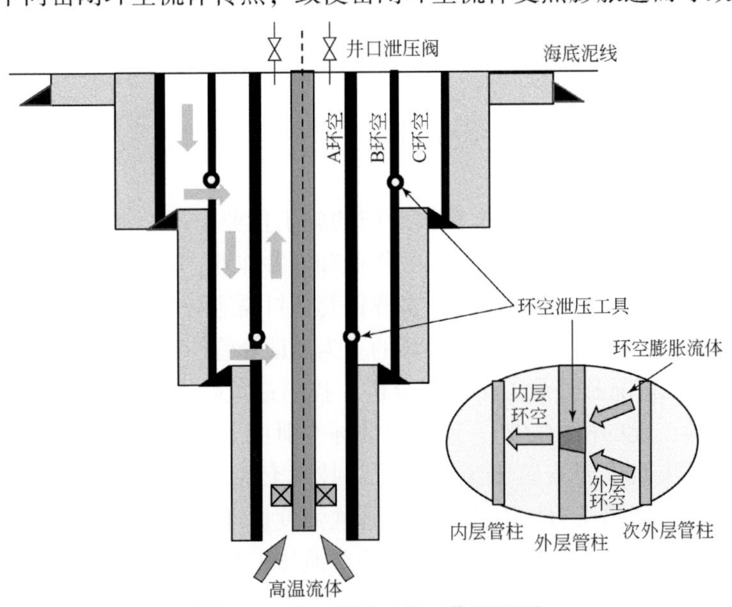


图 6.1 环空泄压工具工作原理图

上升，引起内层环空压力过大使得套管胀破或外层环空压力过大导致套管挤毁。考虑到深水井井口装置特性，密闭环空中的膨胀流体只能从生产管柱与生产套管之间的A环空泄压阀排出。因此，环空泄压工具可对其他不存在泄压路径的密闭环空提供泄压通道，在设计环空泄压工具泄压方向时，通常设计成由外层环空向内层环空排放多余液体。

除了温度引起的环空圈闭压力，还存在水泥环或井筒失效引起的环空带压或操作引起的压力增加。若只是由温度引起的环空圈闭压力增加，只需打开环空泄压工具以及环空泄压阀排出膨胀流体，保证环空压力始终处于环空最大许可压力值以内。对于环空带压等环空异常增压问题，除了排出环空增加流体，还需持续对环空压力进行监测、诊断和判别，必要时还需采取修井或挤入压力激活密封剂的方法对环空带压严重的井进行治理。

2. 环空泄压工具适用条件

环空泄压工具主要用于为存在圈闭压力潜在威胁的密闭环空提供泄压路径。释放环空带压、套管热膨胀压力，以及操作引起的影响环空安全的异常压力。由温度引起的环空圈闭压力可通过环空泄压工具进行治理，对于其他异常压力则还需采取相应治理措施。

3. 环空泄压工具工作方式

在生产过程中，为保证井筒安全，任意一层的密闭环空产生的环空圈闭压力需始终保持在环空最大许可压力值以内。对于典型深水井筒中的A、B、C三个环空，若只是A环空超过环空最大许可压力，则可通过水下井口装置与A环空相连的环空泄压阀释放膨胀流体。而对于B、C环空只能通过环空泄压工具提供泄压路径排出超出环空许可压力的膨胀流体。当B环空圈闭压力值超过环空最大许可压力时，需打开生产套管环空泄压工具连通A、B环空，若连通后的环空能保证井筒安全，则可继续生产，若不能则可通过水下井口的环空泄压阀排出膨胀流体。当C环空圈闭压力值超过环空最大许可压力时，需打开技术套管环空泄压工具连同B、C环空，若连通后的B、C环空能保证井筒安全，则可继续生产，若不能则打开生产套管环空泄压工具连通A、B、C环空，若连通后的A、B、C环空即能保证井筒安全，则可继续生产，若不能则可通过水下井口的环空泄压阀排出膨胀流体。

### 6.1.2 环空泄压工具阈值设定

环空泄压工具的阈值下限取决于在投产前的施工作业中环空泄压工具所承受的最大压力。投产前的主要作业包括钻井作业、固井作业和完井作业，在作业过程中，环空泄压工具应始终保持关闭状态，保证套管完整性，发挥钻套管封隔地层以及分隔环空的作用。不同的作业工况下，套管承受的外载大小是不一样的。为保证套管柱的安全，必须对各种可能出现的工况下的外载作用情况及外载大小进行分析，找出最危险（即外载最大）的工况，除了套管应承受最危险工况的压力之外，还需保证环空泄压工具在该工况下不被打开。

由于环空泄压工具主要安装于生产套管和技术套管上，用于连通产生圈闭压力的环空，平衡及释放环空圈闭压力。因此可通过管柱强度设计的分析方法对环空泄压工具在钻井作业和固井作业进行受力分析，以此确定环空泄压工具在最危险工况下承受压力，即环空泄压工具的阈值下限。

套管柱在井下的受力是复杂的，但经过长期生产时间的分析和证明，其承受的基本外载可分为三种，即作用在管柱外壁的外挤压力、作用在管柱内壁上的内压力和作用在管柱内方向与管柱轴线平行的轴向拉力。

1. 内压力

生产管柱的内压力来源于其生产过程中的生产管柱压力分布，当关井后，生产管柱全掏空，内压力为0。

$$P_{itub}=0,\ (h_i=0) \tag{6.1}$$

式中，$P_{itub}$为生产管柱内压力，Pa；$h_i$为生产管柱深度；$h_i=0$即为井口位置。

套管的内压力计算主要考虑不同情况下环空压力分布的变化，包括全掏空、部分掏空和环空充满液体。对于套管存在掏空的情况时，主要出现在套管固井以后加深井眼中出现井喷，使套管与钻具环空中的泥浆被顶光并关井的情况，此时支撑内压力为0。

$$P_{ib}=0,\ (h_i=0) \tag{6.2}$$

对于非掏空的情况，对生产套管而言，主要考虑完井过程，典型的完井方法是生产套管固井后下生产管柱生产。并且要在接近生产管柱的下端安装封隔器，生产套管与生产管柱之间充满完井液。在生产初期，气体通过生产管柱丝扣进入生产管柱与生产套管之间的环空，在环空密闭的情况下，气泡运移到井口仍保持产层压力，此时生产套管环空内压最大。内压力分布：

$$P_{ib}=P_p+\rho_{mi}gL_i \tag{6.3}$$

式中，$P_{ib}$为管柱内压力，Pa；$P_p$为地层压力，Pa；$L_i$为内层环空长度，m；$\rho_{mi}$为生产套管内层环空液密度，$kg/m^3$。

钻进过程中钻井液向地层漏失也会对环空压力分布产生影响，漏失面以上的套管支撑内压力为0，漏失面以下的套管受力为静液柱压力。对漏失面的预计通常是通过假设漏失层的孔隙压力为地层盐水的静液柱压力，由于下次钻进过程中的漏失的钻井液压力与地层盐水的静液柱压力相等，由此可得漏失面高度：

$$h_i=L_i\rho_{sw}/\rho_n \tag{6.4}$$

式中，$h_i$为漏失面高度，m；$\rho_{sw}$为地层盐水密度，$kg/m^3$；$\rho_n$为最高钻井液密度，$kg/m^3$。

而套管在非全掏空的情况下的支撑内压力为

$$\rho_{ib}=\rho_{mi}gh_i,\ (h_i\leqslant L_i) \tag{6.5}$$

井口装置通常存在最大承受压力，环空压力只能控制在井口装置最大承受压力以内。

当环空由于作业过程造成环空压力变化时，通常在井口处的最大压力为井口装置的最大承压，井底处为地层的破裂压力，两者之间任意深度的内压力呈线性相关：

$$\rho_{ib}=p_s+\frac{(\rho_f-\rho_s)h_i}{L_i} \tag{6.6}$$

式中，$p_s$为井口装置最大承受压力，Pa；$P_f$为地层破裂压力，Pa。

2. 支撑外挤压力

对于深水固井作业工程中，套管外水泥环通常未返至井口，套管间形成一段充满液体的环空。在套管强度设计过程中，仍需考虑该段环空液体向内层环空漏失造成可能出现的套管外层环空掏空或者部分掏空的情况。

$$p_{ob}=0_i,\ (h_o=0) \tag{6.7}$$

$$p_{ob}=\rho_{mo}gh_o,\ (h_o\leqslant L_o) \tag{6.8}$$

式中，$p_{ob}$为管柱外压力，Pa；$h_o$为外层环空液体高度，m；$\rho_{mo}$为外层环空液密度，kg/m$^3$；$L_o$为外层环空长度，m。

3. 有效内压力

管柱的有效内压力是指当内压力大于支撑外挤压力时，管柱在径向上受到的净压力：

$$p_{ic}=p_{ib}-p_{ob} \tag{6.9}$$

式中，$p_{ic}$为有效内压力，Pa。

与内压力和支撑外压力的计算情况相似，需考虑全掏空、非全掏空（部分掏空和环空充满液体）两种情况，具体计算方法如表 6.1 和表 6.2 所示。

**表 6.1　生产管柱有效内压力计算方法**

| 内层环空 \ 外层环空 | 全掏空 | 非全掏空 |
|---|---|---|
| 全掏空 | 0 | |
| 非全掏空 | $P_{tub}$ | $P_{tub}\cdot\rho_{mo}gh_o$ |

**表 6.2　套管有效内压力计算方法**

| 内层环空 \ 外层环空 | 全掏空 | 非全掏空 |
|---|---|---|
| 全掏空 | 0 | |
| 非掏空 | $\rho_{mi}gh_i$ | $\rho_{mi}gh_i-\rho_{mo}gh_o$ |
| 考虑井口设备 | $p_s+(p_r-p_s)\times h_i/L_i$ | $\dfrac{p_s+(p_r-p_i)\times h_i}{L_i}-\rho_{mo}gh_o$ |

4. 有效外压力

管柱的有效外压力是指当支撑外压力大于内压力时，管柱在径向上受到的净压力：

$$p_{oc}=p_{ob}-p_{ib} \tag{6.10}$$

有效外压力的计算同样需要考虑全掏空、部分掏空和环空充满液体三种情况，具体计算方法如表 6.3 所示。

**表 6.3　套管有效外压力计算方法**

| 内层环空 \ 外层环空 | 全掏空 | 非全掏空 |
|---|---|---|
| 全掏空 | 0 | $\rho_{mo}gh_o$ |
| 非掏空 | | $\rho_{mo}gh_o\times\rho_{mi}gh_i$ |
| 考虑井口设备 | | $\rho_{mo}gh_o-p_s+(p_f-p_s)\times h_i/L_i$ |

5. 环空泄压工具阈值的确定

投产后，生产管柱内的高温流体在生产过程中传热至密闭环空压力升高。当环空压力增加至一定值时，存在挤毁或者胀破管柱的风险。水下井口装置与生产管柱和生产套管之间的 A 环空相连，通过打开环空控制阀可排出流体增加的体积，泄掉 A 环空增加的压力，而对于其他密闭环空，由于深水井口的结构限制，没有直接的环空控制阀，因此需采用环空圈闭压力治理措施缓解环空圈闭压力。

安装于套管上的环空泄压工具在打开后可以连同环空，使高压流体流向低压流体，增加的环空圈闭压力得到释放。当所有环空连同，环空压力仍对井筒安全产生威胁时，则可通过与 A 环空相连的环空控制阀释放压力，达到治理环空圈闭压力的目的。

依据 6.1 节分析可知，环空泄压工具的最大打开阈值为在最大环空最大许可压力下，环空泄压工具承受的压力值，高于该值时套管存在破坏的风险，低于该值时井筒安全生产。由于在钻井过程中，套管即下入井筒，为保证钻进和固井过程的正常作业，套管在该过程需保持完整，即环空泄压阀始终处于关闭状态，因此，必须考虑钻井和固井过程中套管承受压差的最大工况，环空泄压阈值不能低于该值。环空泄压工具阈值表达式如下：

$$\mathrm{Max}(p_{oe}) < P_{rv} < \mathrm{MAWOP} \tag{6.11}$$

式中，$P_{rv}$为环空泄压工具阈值，MPa；Max（$p_{oe}$）为最大工况下有效外挤压力，MPa；MAWOP 为环空最大许可压力，MPa。

## 6.2 可压缩泡沫套管技术

环空压力产生的主要原因是在深水油气生产期间，油管内的高温地层流体使得环空液体温度升高、受热膨胀，而环空无法提供足够的额外空间容纳热膨胀效应增加的体积，从而导致环空压力升高。在套管外安装一层可压缩泡沫是目前深水井中应用较为广泛的一种环空压力释放措施。其核心原理是利用可压缩泡沫的压缩性，当环空压力上升时，可压缩泡沫被压缩，给因受热膨胀的环空液体提供额外的空间，达到降低环空压力的目的。由于缺乏针对泡沫材料在静水压载环境下压缩性能的研究，以及缺少能将泡沫材料压缩性能与环空压力变化规律相结合统一的理论计算模型，因此无法准确展开泡沫套管控压机理的适应性评价分析，导致目前泡沫套管的选取主要依赖于现场经验，缺乏理论基础。

本节通过研制不同微珠填充质量分数的可压缩复合泡沫材料，构建复合泡沫材料高压静水载荷压缩试验方案，分析不同微珠配比、环境温度条件下的泡沫体积压缩率随静水压力的变化规律，研究泡沫套管控压过程中线弹性变形、屈服破坏和致密化压缩三个阶段的力学行为特征，建立涵盖热膨胀效应和致密化效应的泡沫体积压缩计算模型，设计泡沫套管控压计算流程，为深水井环空圈闭压力防治措施的优化设计提供了依据。

### 6.2.1 泡沫材料制备工艺

泡沫套管中的可压缩复合泡沫（compressible foams）属于强化型多孔塑料（re-inforced cellular solids），通常是由空心微粒、空心玻璃微珠或其他空心颗粒（hollow glass microspheres）充填到聚合物材料基体中，通过混合、成型、固化等方法形成的一种新型复合材料，具备密度轻、强度稳定、加工性能强等优良特性，可为深海探测、海底探矿以及海洋开发提供固体浮力材料和装备安全保障。

空心玻璃微珠是由二氧化硅、氧化铝等无机材料构成的一种粒径细小，结构中空的非金属圆球状粉末，如图 6.2（a）所示。其粒径十到几百微米，壁厚小于 10μm，密度在 0.1 ~ 0.3g/cm$^3$，内部充斥标准大气压的气体，如图 6.2（b）所示。与传统的泡沫塑料利用物理的或化学的发泡作用产生泡沫结构的原理不同，空心玻璃微珠自身构成了可压缩复合泡沫结构的气泡内腔结构，通过改变空心玻璃微珠种类、粒径大小、质量分数等方法，实现对气泡大小和分布的控制，改善可压缩复合泡沫的物理性能。

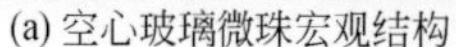

(a) 空心玻璃微珠宏观结构

(b) 空心玻璃微珠微观结构

图 6.2　空心玻璃微珠结构

环氧树脂作为性能良好高分子聚合物材料（图 6.3），应用范围较大。环氧树脂与空心玻璃微珠的黏结面同样具有较好的强度；固化时具有较低的收缩率，体积变形较小，也能保证产品的形状不产生较大的变化和太大的残余应力。此外环氧树脂还具有优良的耐腐蚀性能及可加工性，这些特点使得环氧树脂很适合作为可压缩泡沫材料的基体材料。

图 6.3　环氧树脂基体材料

形成的泡沫材料采用 E-51 环氧树脂与胺类固化剂 593 为树脂基体，以 H60 型号空心玻璃微珠为填充相来调控压缩泡沫材料的力学性能、密度和孔隙率等参数，以 γ—氨丙基三乙氧基硅烷 KH-550 为空心玻璃微珠表面改性剂。

## 6.2.2 泡沫材料静水压载特性

目前，复合泡沫材料的研究主要集中在准静态和动态力学行为特征方面：宋超（2012）利用材料万能试验装置对材料静态压缩破坏下的弯曲、拉伸和抗剪切特性进行了研究；Xu 等（2012）利用 Hopkinson 压杆（SHPB）试验装置测试了复合材料缓冲吸能特征和应变率效应。然而，针对复合泡沫材料在静水压力环境下力学特性的相关研究较少，主要原因在于缺乏静水压力测试的标准试验装置。

笔者对试制出的可压缩复合泡沫材料在静水压力下的压缩强度和体积变化率进行了试验研究，得到了不同配比、温度条件下的材料变化率随静水压力的变化规律。

1. 准静态单轴压缩试验

为了对试验用可压缩复合泡沫材料的力学性能有初步了解，首先进行了准静态单轴压缩试验，测试结果如图 6.4 所示。试制的可压缩复合泡沫材料尺寸为 $\phi$50mm×25mm，材料密度为 0.64g/cm$^3$，测量出材料弹性模量 2.09GPa，泊松比 0.38，屈服强度 39.95MPa。

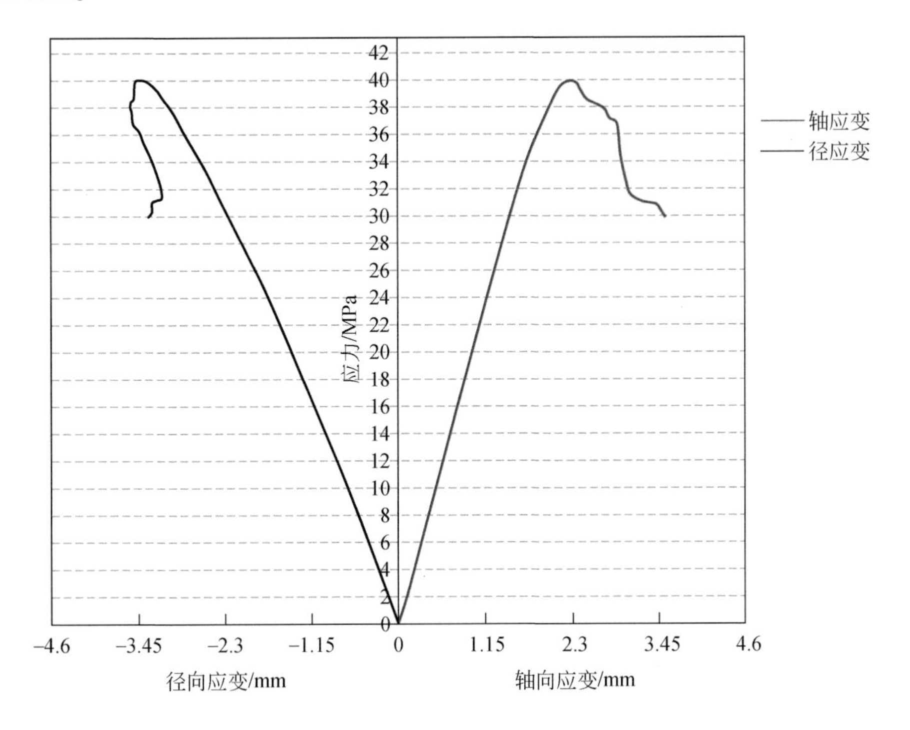


图 6.4 复合泡沫材料准静态单轴压缩应力-应变曲线图

经过压缩试验前、后的试样宏观形态如图6.5所示，可以看出，破坏后的泡沫试样端部崩坏破裂，出现数条裂纹，图6.6为复合泡沫压缩试样断口的扫描照片，可以发现部分微珠发生破碎，部分仍保持完整。可见准静态单轴压缩过程中复合泡沫材料的破坏形式是树脂基体的剪切破坏和微珠破裂的综合表现。

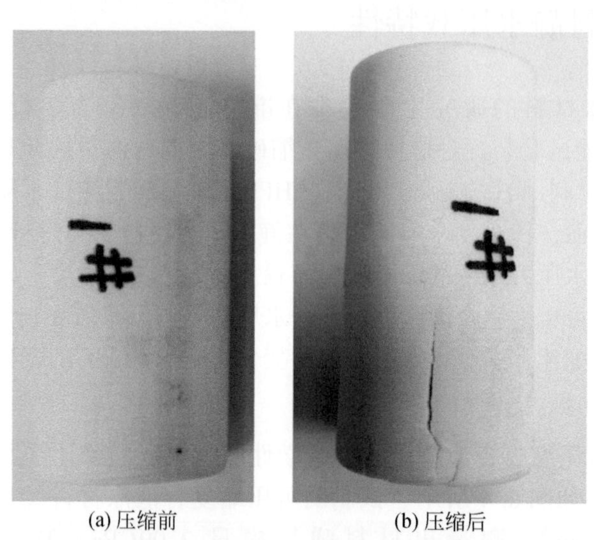


(a) 压缩前　　(b) 压缩后

图6.5　泡沫样品压缩前后照片对比

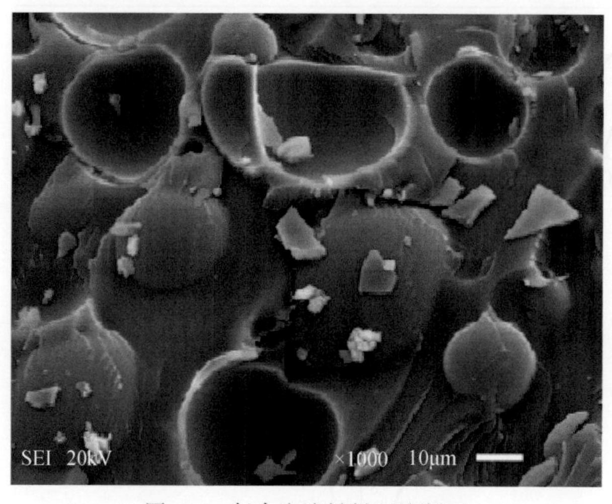


图6.6　复合泡沫材料压缩断面

2. 高压静水载荷压缩试验

1）试验装置

泡沫套管在下入井筒后，完全浸没在密闭环空流体环境内，压力控制全过程中，泡沫材料始终承受环空流体高压静水载荷作用，如图6.7所示。因此为了模拟实际工况，笔者及研究团队研制出了一套高压静水载荷压缩试验测试装置，对泡沫材料在静水压载环境下的压缩强度和体积变化率进行研究，试验装置如图 6.8 所示。

图 6.7　沫套管工作示意图

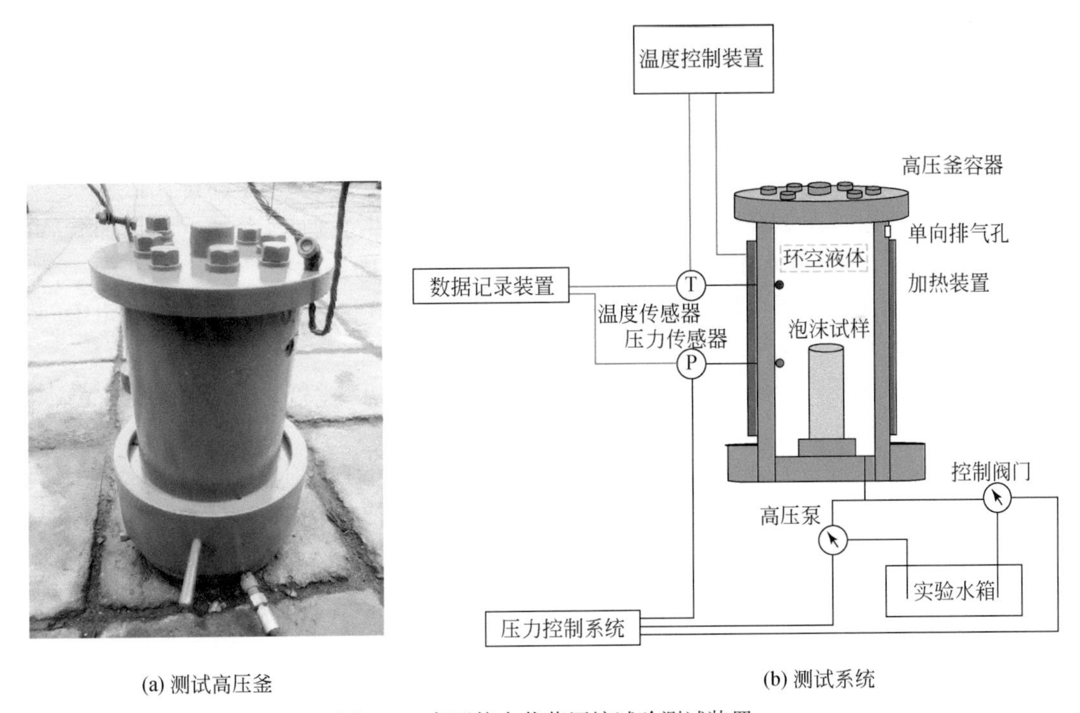


(a) 测试高压釜　　(b) 测试系统

图 6.8　高压静水载荷压缩试验测试装置

2）试验原理

可压缩复合泡沫高压静水载荷压缩试验原理如下。

将可压缩复合泡沫试样固定在高压釜腔室基座上，通过高压泵向腔室内注水加压，记录进液量和静水围压的变化，计算出泡沫材料体积变化率和静水压力之间的关系。上述试验中试验水箱进液量由以下几部分构成：

$$\Delta V_{\mathrm{f}}=\Delta V_0+\Delta V_1+\Delta V_2+\Delta V_3+\Delta V_4 \tag{6.12}$$

式中，$\Delta V_{\mathrm{f}}$为试验水箱进液量，$m^3$；$\Delta V_0$为泡沫试样的体积变化量，$m^3$；$\Delta V_1$为高压容器密封不严造成的液体渗漏量，$m^3$；$\Delta V_2$为高压釜腔室弹性变形产生的体积变化量，$m^3$；$\Delta V_3$为液体可压缩性产生的体积变化量，$m^3$；$\Delta V_4$为腔室残余气体压缩产生的体积变化量，$m^3$。

对于密封良好的设备，液体渗漏造成的体积变化可以忽略不计。而为了消除腔室弹性变形、液体压缩以及残余气体所产生的体积变化对试验的影响，需要通过增设试验对照组进行计算。

预先加工一个与试样形状一致的钢制圆柱体，固定于基座上，将高压釜内注满液体后，持续向高压釜内注液打压，得到水箱进液量$\Delta V_{\mathrm{f}}^{\mathrm{c}}$与静液压力的变化关系（参照组）。再放入泡沫试样，按照同样的试验条件进行试验，得到水箱进液量$\Delta V_{\mathrm{f}}^{\mathrm{t}}$与静液压力的变化关系（试验组）。由于钢制圆柱体在静水压载荷下的弹性变形很小，可以忽略，因此根据参照组与试验组的差值，可以得到泡沫试样在高压静水载荷作用下压缩强度和体积变化率之间的关系。

3）试验方案及步骤

可压缩复合泡沫高压静水载荷压缩试验具体测试步骤如下。

（1）将与泡沫试样同样大小的钢质圆柱体置于压力室底部基座上，打开与高压釜侧壁相连的单向排气孔，使高压釜内腔与大气联通；利用高压釜向容器内注水，直至排气孔有水持续溢出，说明此时高压釜腔室内部已被液体充填完全，然后关闭单向排气孔。

（2）将高压泵按照2MPa的压力梯度向高压釜腔室内部持续加压注水，每次加载后稳压时间为30min，直至静水围压达到设定的最高压力（70MPa）时停止注水。

（3）记录下注水加压过程中静水围压的读数和水箱进液量的变化，得到参照组中静水围压与进液量间关系曲线。

（4）将泡沫试样置于压力室底部基座上，重复步骤（1）~（3），得到试验组中静水围压与进液量间关系曲线。

（5）根据参照组与试验组两条曲线的差值，得到静水围压与泡沫试样真实体积压缩量之间的关系，再根据式（6.13）计算泡沫试样在高压静水载荷作用下压缩强度和体积变化率的关系曲线：

$$\varepsilon_{\mathrm{v}}=\frac{\Delta V}{V}=\left[\frac{\Delta V_{\mathrm{f}}^{\mathrm{c}}-\Delta V_{\mathrm{f}}^{\mathrm{t}}}{4\pi d^2 h}\right] \tag{6.13}$$

式中，$\varepsilon_{\mathrm{v}}$为泡沫材料体积压缩率，无因次；$\Delta V$为泡沫试样真实体积变化量，$m^3$；$V$为泡沫试样原始体积，$m^3$；$\Delta V_{\mathrm{f}}^{\mathrm{c}}$为试验组进液量，$m^3$；$V_{\mathrm{f}}^{\mathrm{t}}$为对照组进液量，$m^3$；$d$为泡沫试样的直径，m；$h$为泡沫试样的高度，m。

4）试验结果与分析

由于环空圈闭压力通常是高温效应所引起，因此首先研究了不同环境温度对泡沫压缩性能的影响。通过试验加热装置，试验模拟了20℃、40℃、60℃三种不同环境温度变化下的泡沫压载过程，如图6.9所示；其次根据原配方制备了微珠填充量分别为10%、15%、20%、25%、30%共5种组分的泡沫试样，研究不同微珠填充质量分数下复合泡沫材料的压缩变化规律，如图 6. 10 所示。

试验结果表明：环境温度的变化对于泡沫材料体积压缩率的影响不显著，但是会降低泡沫材料的启动压力；随着空心玻璃微珠质量分数的增加，泡沫材料启动压力均有不同程度的下降，体积压缩率随之增大。

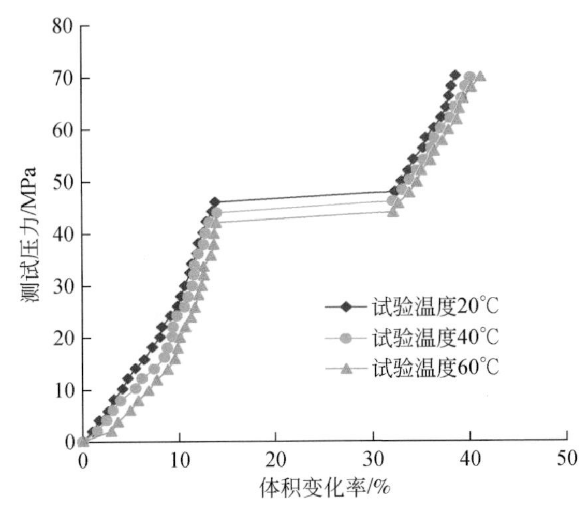


图 6. 9　不同温度下泡沫材料体积压缩变化率随静水压力的变化规律

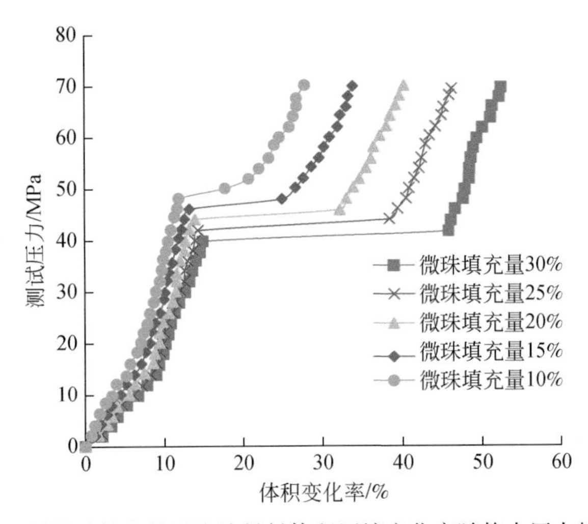


图 6. 10　不同微珠填充量下泡沫材料体积压缩变化率随静水压力的变化规律

## 6. 2. 3　泡沫套管压力控制机理研究

1. 泡沫材料压缩特征分析

依据玻璃微珠在树脂基体中的散布程度，可以建立不同含量玻璃微珠在环氧树脂基体中的结构模型，如图 6. 11 所示。假设泡沫多孔材料模型中空心玻璃微珠分散均匀，树脂基体连续，当玻璃微珠的质量分数较低时，微珠被树脂基体充分浸润，气孔较少，此时破坏压强主要由树脂骨架的承压能力决定。

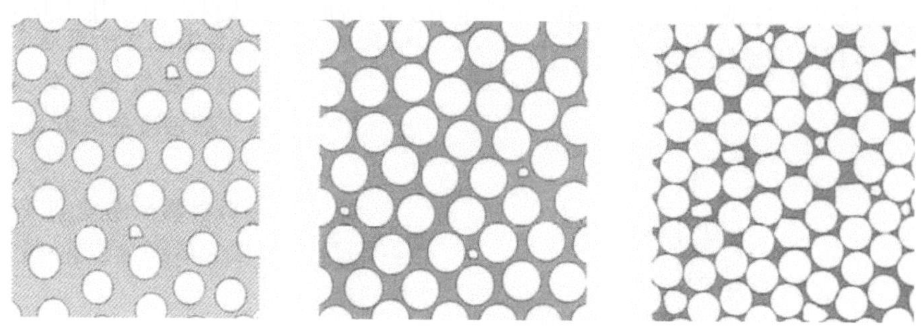

图 6.11　空心玻璃微珠在环氧树脂基体中的结构模型

随着玻璃微珠含量的增加，浸润性降低、分散性减低，致使体系气相增加，树脂骨架的承压能力逐渐减弱，直至接近空心玻璃微珠的承压能力。当压力超过承压范围，泡沫材料中的空心玻璃微珠破裂。

而当玻璃微珠的质量分数继续增加时，此时树脂骨架的承压能力要低于空心玻璃微珠的承压能力，所得复合材料的破坏压强再次由树脂骨架的承压能力决定。

根据 Gibson-Ashby 理论，泡沫多孔材料的压缩应力-应变曲线一般分为三个阶段：线弹性变形、塑性屈服和致密化，如图 6. 12 所示。空心玻璃微珠和树脂基体均属于弹性多孔材料，当压缩应力达到材料的屈服强度时，孔壁发生弹性屈服，应力开始保持恒定，产生平台。当孔壁完全接触时，材料本身发生压缩，应力迅速升高，进入致密化阶段。

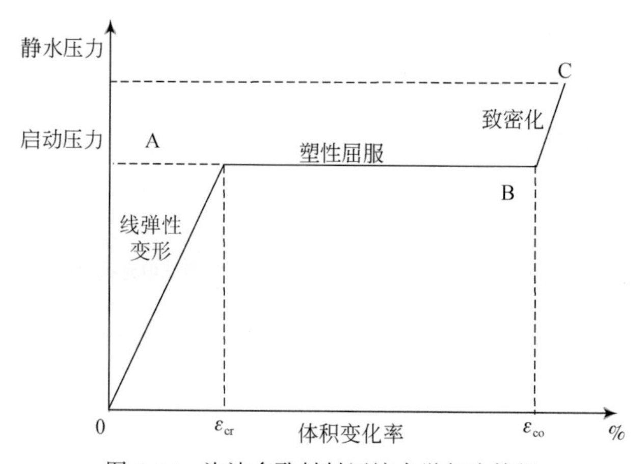


图 6. 12　泡沫多孔材料压缩力学行为特征

通过一系列试验结果发现，研制的可压缩复合泡沫具有典型的压缩应力-应变曲线特征，与理论分析相符合。复合泡沫材料在静水压力环境下的压缩过程主要分为以下三个阶段。

（1）弹性压缩阶段。在压缩初期，体积压缩率随静水压力小幅增加，玻璃微珠和树脂基体共同承受载荷；当体积压缩率达到 $\varepsilon_{cr}$ 左右时，玻璃微珠开始脱黏和破裂，使得曲线的斜率急剧下降为零，甚至为负，此刻的静压载荷称为泡沫材料的“启动压力”。

（2）屈服破坏阶段。在静水压力达到启动压力后，材料发生屈服变形，应力进入“平台区”，增加缓慢。在此变形过程中，复合材料的空心玻璃微珠逐渐被挤碎，球内部空间被树脂基体占据，宏观表现为材料发生了较大的体积形变，体积压缩率通常在 $\varepsilon_{co}$。

（3）致密化压缩阶段。随着压缩的进行，复合材料以树脂基体的塑性形变为主，材料中孔隙空间逐渐被填满，应力随着应变大幅度上升。这是由于树脂基体压缩变形产生的大量位错，形成位错强化，曲线的斜率上升，接近复合材料中树脂基底的弹性模量值。

2. 泡沫压缩体积计算模型

图 6. 13 显示了泡沫套管压缩过程的示意图，根据井筒环空体积相容性原则，在含有泡沫套管的密闭环空内，环空流体体积的变化量仍然与环空容器体积的变化量保持一致，可得

$$\Delta V_{f}=\Delta V_{ann}+\Delta V_{foam} \tag{6.14}$$

式中，$\Delta V_{foam}$ 为可压缩复合泡沫产生的体积变化量，$m^3$。

因此，为了分析泡沫套管的环空压力控制机理，首先需要构建泡沫压缩体积计算模型。由图 6. 13 和图 6. 14 分析得出，在弹性压缩阶段，泡沫材料体积压缩率随压力呈现非线性变化；在屈服破坏阶段，静水压载维持在启动压力范围保持稳定，不随体积压缩率呈现大幅度变化；在致密化压缩阶段，空心玻璃微珠完全挤毁，泡沫树脂基体继续被压缩，释放体积空间。

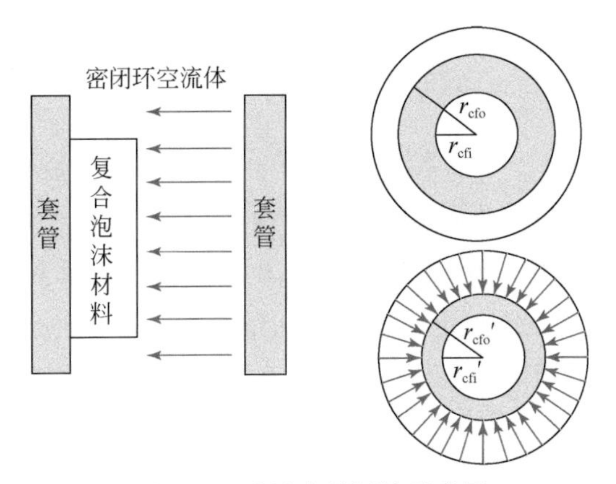


图 6. 13　泡沫套管压缩示意图

为了简化计算模型，根据图 6. 14 中泡沫材料应力–应变曲线特征，可将复合泡沫材料在弹性压缩阶段、屈服破坏阶段和致密化压缩阶段做线性化处理，采用回归分析的方法获取每部分压缩阶段的曲线斜率，即压缩系数。此外，由于泡沫套管处于高温介质中，因此需要考虑泡沫热膨胀效应对体积压缩的影响。

因此，当密闭环空温度、压力发生改变后，可压缩复合泡沫材料的体积变化量可以表达为

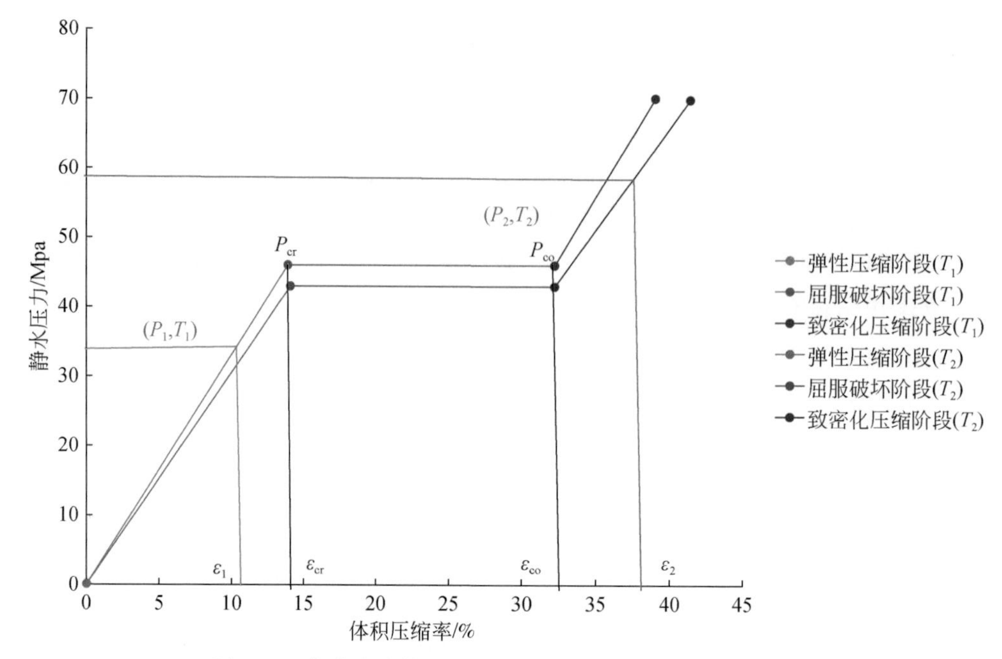


图 6.14　复合泡沫体积压缩率随静水压载变化的特征曲线

$$\begin{cases} \Delta V_{\mathrm{foam}}^{\mathrm{e}} = \pi \int_0^{L_{\mathrm{c}}} (\beta_{\mathrm{cf}}^{\mathrm{e}} \Delta P - \alpha_{\mathrm{cf}} \Delta T)(r_{\mathrm{cfo}}^2 - r_{\mathrm{cfi}}^2)\mathrm{d}l \quad (P < P_{cr}) \\ \Delta V_{\mathrm{foam}}^{\mathrm{p}} = \pi \int_0^{L_{\mathrm{c}}} (\varepsilon_{\mathrm{co}} - \alpha_{\mathrm{cf}} \Delta T)(r_{\mathrm{cfo}}^2 - r_{\mathrm{cfi}}^2)\mathrm{d}l \quad (P = P_{cr}) \\ \Delta V_{\mathrm{foam}}^{\mathrm{d}} = \pi \sum_0^{L_{\mathrm{c}}} (\varepsilon_{\mathrm{co}} + \beta_{\mathrm{cf}}^{\mathrm{d}}(\Delta P - P_{\mathrm{co}}) - \alpha_{\mathrm{cf}} \Delta T)(r_{\mathrm{cfo}}^2 - r_{\mathrm{cfi}}^2)\mathrm{d}l \quad (P \geqslant P_{\mathrm{cr}}) \end{cases} \tag{6.15}$$

式中，$\Delta V_{\mathrm{foam}}^{\mathrm{e}}$为泡沫弹性压缩阶段产生的体积变化量，$\mathrm{m}^3$；$\Delta V_{\mathrm{foam}}^{\mathrm{p}}$为泡沫屈服破坏压缩阶段产生的体积变化量，$\mathrm{m}^3$；$\Delta V_{\mathrm{foam}}^{\mathrm{d}}$为泡沫致密化压缩阶段产生的体积变化量，$\mathrm{m}^3$；$\beta_{\mathrm{cf}}^{\mathrm{e}}$为弹性阶段压缩系数，$\mathrm{MPa}^{-1}$；$\beta_{\mathrm{ef}}^{\mathrm{d}}$为致密化压缩阶段压缩系数；$\alpha_{\mathrm{cf}}$为泡沫材料热膨胀系数，$℃^{-1}$；$P_{\mathrm{cr}}$为泡沫材料启动压力，MPa；$\varepsilon_{\mathrm{cr}}$为泡沫材料启动压力时对应体积压缩率，无因次；$P_{\mathrm{co}}$为泡沫材料内空心微珠全部破裂时的挤毁压力，MPa；$\varepsilon_{\mathrm{co}}$为泡沫材料挤毁压力时对应体积压缩率，无因次；$r_{\mathrm{cfo}}$为泡沫套管外半径，m；$r_{\mathrm{cfi}}$为泡沫套管内半径，m；$L_c$为泡沫套管长度，m；$\Delta P$ 为环空圈闭压力增量，MPa；$\Delta T$ 为环空温度增量，℃；上标 e、p、d 分别代表泡沫弹性压缩阶段、屈服破坏压缩阶段和致密化压缩阶段。

### 3. 泡沫套管控压计算流程

基于上述环空压力计算模型的研究，对深水泡沫套管控压流程进行分析。

（1）基础参数的输入：主要包括深水井井身结构、初始环空温度、初始环空压力，以及安装泡沫套管总体积、泡沫材料热膨胀系数、泡沫材料启动压力、泡沫材料体积压缩率等。

（2）根据多层套管环空体积相容性原则，计算环空压力。

（3）当计算出的环空压力值小于泡沫材料的启动压力时，计算出泡沫套管在弹性压缩阶段产生的体积变化量。反之，同样可以计算出泡沫套管在弹性压缩以及致密化阶段产生的体积变化量。

（4）当泡沫套管受压释放出体积空间后，需要重新计算环空压力。由于环空体积与环空压力之间的耦合变化关系，因此需要通过迭代法求解出满足精度要求的计算值。

（5）若最后计算出的环空压力超出内外层套管的安全强度极限，则需要重新计算所需泡沫套管的体积总量，以及优化井身结构设计。反之，则说明选定的泡沫套管数量及属性满足工艺要求，能保证井筒完整性。图 6. 15 显示了泡沫套管环空压力控制的整个流程。

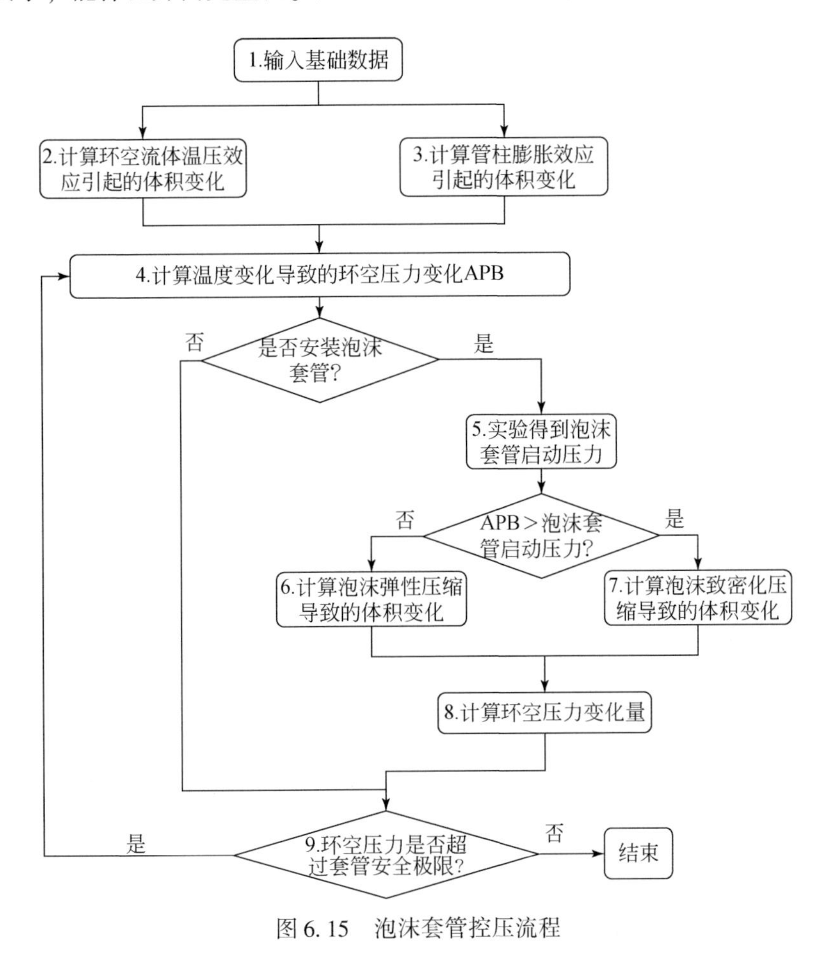


图 6. 15　泡沫套管控压流程

## 6. 3　氮气泡沫隔离液技术

环空液体具有压缩系数较低而膨胀系数较高的性质，使得较小的温度增加引起较大的压力升高。向环空中注入一定量氮气提高环空介质可压缩性，能够达到降低环空压力的目的。

2000 年前后 BP、Shell 等石油公司在墨西哥湾地区的油气开采中采用环空注氮降低环空压力。混入一定氮气的隔离液通常在水泥环上部形成一段隔离液“缓冲垫”。当深水油井投入生产之后，随着高温流体的产出，环空液体受热膨胀，压力升高。此时，混入一定氮气的“缓冲垫”则会压缩，避免环空压力进一步升高而影响套管和井筒安全。室内试验表明，当环空注入约5%体积分数的氮气时，环空压力可以得到有效释放；随着氮气含量增加，环空压力逐渐趋于稳定，如图6.16所示。

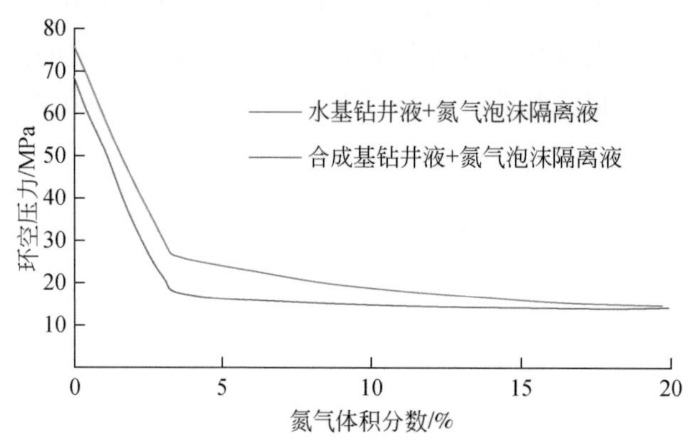


图6.16　环空氮气体积分数与环空压力之间的变化关系

环空注氮降低环空压力时，并不是注入的氮气越多越好。当氮气含量过大时，混入氮气的“缓冲垫”则会变得不稳定，不利于降低环空压力。因此，应根据实际情况，选择最佳的氮气注入量。

国际上普遍用于释放环空圈闭压力的方法是向环空中注入可压缩性气体，因为套管中的环空液体一般压缩系数较低，较小的温度升高就会导致较高的环空压力增加，向密闭环空中注入可压缩性气体能够提高环空介质可压缩性，降低由温度引起的压力增大现象。

在密闭环空空间注入惰性气体，如氮气，其与可压缩合成泡沫技术原理相同，都是通过增加密闭环空的空间而达到吸收多余压力的目的。用相对少量的氮气（<环空体积的5%）就可以吸收足够大的环空圈闭压力，从而阻止套管失效。此方法曾在马来西亚深海Kikeh油田得到应用，并且成功缓解了APB带来的影响。环空注氮释放圈闭压力并非是注入的氮气越多越好，一般需要根据实际情况选择合适的氮气注入量，因为当注入的氮气过多时反而会使环空内压力不稳定，无法达到降低环空压力的目的。试验表明，在环空内注入的氮气体积约为5%时，能够有效地释放环空压力。

该方法一方面需要在固井过程将氮气加入环空中，如何准确地将氮气注入目的位置，是必须要解决的问题之一；另一方面需要考虑到，可压缩性气体注入环空后，随着温度升高，会自行解离，从而上升到井口处，使井口压力增大。注入可压缩气体是较为理想的解决生产初期压力上升的技术方案，但实际操作难度非常大，如何注入氮气是其中最关键的部分，势必会有因为大大增加作业周期而产生高昂的作业费用的问题。

## 6.4　真空隔热油管技术

热膨胀效应是环空压力产生的主要原因，80%以上的环空压力均是由热膨胀效应产生的。油管是生产管柱内高温流体热量传递至环空的第一道屏障，油管至环空传热效率的高低，直接影响环空温度变化的快慢以及大小。采用真空隔热油管（vacuum- insulated tubing，VIT）技术可有效降低高温地层流体至环空内的传热效率，从而达到降低环空温度和热膨胀效应的目的。

真空隔热油管技术在很多领域都被成功应用，如提高二次油气采收率、稠油注蒸汽以提高油层温度、降低稠油黏度以及高含蜡油田中的防蜡措施等。真空隔热油管技术应用于降低环空压力始于2000 年前后。1999 年，BP 公司在墨西哥湾的 Marlin Well-2 井的开采过程中，套管和油管严重损毁，造成严重的生产事故。事故分析表明，环空压力升高是导致这次事故产生的重要原因之一。在后续的作业施工中，包括采用真空隔热油管技术、环空注氮技术等多种压力释放措施被采用，以防止环空压力过高威胁套管、油管安全和井筒完整性。2002 年，BP 公司在 KingWest 区块采用真空隔热油管技术，降低环空压力，并取得显著效果。在墨西哥湾等地，真空隔热油管技术同样被 Shell 公司广泛采用。真空隔热油管隔热性能好，能有效地限制油管内的热量传至周边环空。在深水油气井、某些热采井中真空隔热油管的应用非常广泛，是最有效的隔热方式之一。

但是在向油气井中下入真空隔热油管的过程中，需配套较大尺寸的钻头和各层套管，钻井液、完井液的用量也会相应增加，钻井时间也会相应提高。这些因素都会在很大程度上增加油气生产的成本。

此外，通过真空隔热油管（图 6. 17）注入蒸汽之后，需要先将真空隔热油管管柱起出，再下入普通油管进行生产，这样就增加了作业时间和费用，耽误了高温热采时间。

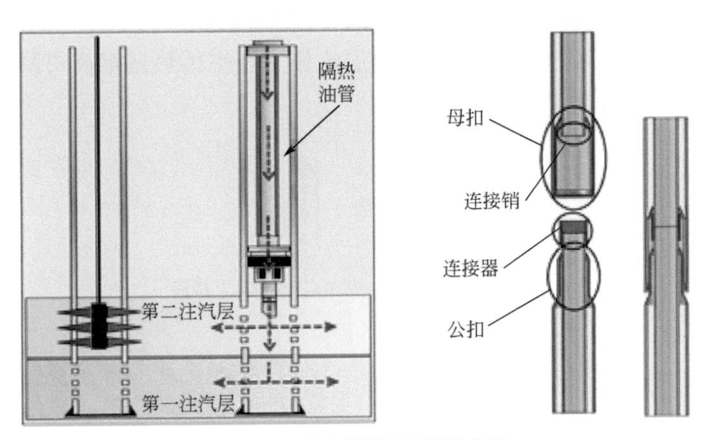


图 6. 17　真空隔热油管示意图

具有高绝热性能的隔热油管价格相对比较高，并且随着油气井注蒸汽时间、次数的上升，隔热油管的绝热性能会因流气腐蚀、结垢、管材磨损、老化等原因逐渐降低，从而导致热损失量逐渐上升，汽油比迅速下降。

套管环空压力产生的主要原因就是高温流体引起的热膨胀效应，在高温流体热量传递到套管环空内时，油管可以认为是影响流体传热效率的介质，能够对高温流体的热量传递起到一定的阻隔作用。而油管对于高温流体传热的效率能够直接影响套管间环空温度和压力变化。现在主要是采用真空隔热油管技术降低高温流体的传热效率，从而减小热膨胀效应，降低套管环空温度和压力。

真空隔热油管技术应用非常广泛，在钻井中的应用主要包括降低环空圈闭压力，防止挤压破坏套管；提高二次油气采收率；提高油层温度，保证油层温度大于地层温度，保护天然气水合物地层；降低井筒内的热量损失，使井筒保持较高的温度，从而降低稠油的黏度，加强重质原油的流动性；同时还可以通过降低井筒内的热量损失，防止溶解的蜡沉积聚合在油管内壁，起到防止结蜡的作用。

真空隔热油管主要是由两部分构成，包括由内外层套管构成的真空部分，以及焊接两层套管末端的接箍部分，通过接箍部分形成的密闭空间能够有效地提高油管隔热效率，降低传递到环空的热量。真空隔热油管结构如图 6.17 所示。与真空部分相比，接箍部分的隔热效率非常微弱，因此真空隔热油管主要是通过真空部分来降低高温流体传递到环空的温度。因此，从真空部分传递到套管环空的热量几乎可以忽略不计，而由真空隔热油管传递到环空的热量主要是由接箍处产生的，这样，温度会在接箍处阶段性地产生峰值，所以在长度较长的隔热油管中，间隔较远的部分可能会产生较大的温度差，这样较高的温度差同样会对热量的传递产生影响。

热量在相邻的两个真空隔热油管中的传递示意图如图 6.18 所示。热量由高温流体传递至环空中主要有三种途径。第一种途径是真空隔热油管管体部分热量的径向传递，油管内高温流体在这部分热量散失约占整个真空隔热油管热量散失的 10% ~50%。第二种途径是真空隔热油管在真空隔热油管接箍 1 ~2ft 处的轴向热量传递。第三种途径是在接箍处的径向和轴向热传递。由于接箍处不存在真空隔热层，热量由油管至环空中的传热效率较高。高温地层流体在接箍处的热量损失占总热量损失的 50% ~90%。据研究，与常规油管相比，采用真空油管技术后，油管内高温地层流体至环空传热量最高可降低 90%，有效降低环空压力升高带来的潜在安全隐患。

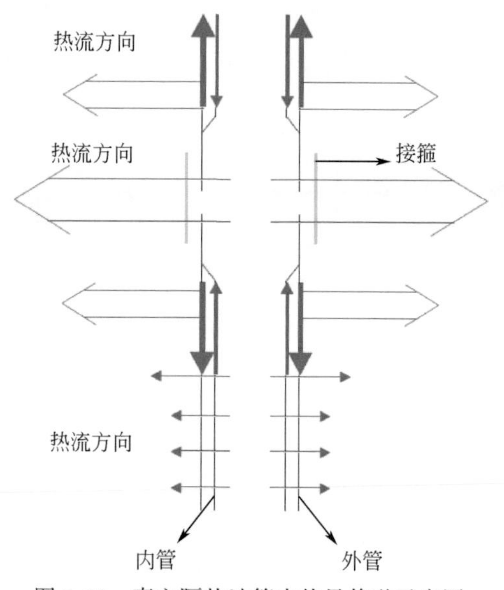


图 6.18　真空隔热油管中热量传递示意图

需要注意的是，在采用真空隔热油管技术的同时，需满足相应的热学和力学方面的条件。一方面，由于真空隔热油管的特殊结构，难以满足像常规油管一样的强度；另一方面，油管内高温地层流体至环空中的综合传热系数需要满足设计条件。

## 6.5 隔热封隔液技术

隔热封隔液是充填于井下环空（主要是油套环空）中主要起隔热作用的工作液。它能最大限度地降低封隔液的导热系数，减少导热损失、提高封隔液的黏度，削弱自然对流传热。隔热封隔液相对环空注水和环空充惰性气体隔热有了明显的技术提升，在很大程度上降低了井筒中存在导热和自然对流产生的传热损失。

目前隔热封隔液主要有油基隔热封隔液和水基隔热封隔液两类。

油基隔热封隔液：优点是耐温高，性能比较稳定，导热系数相对较小，很大程度上降低了传热的损失，总体效果较好。缺点是存在污染。由于油基隔热封隔液会对海洋造成污染，因此目前油基隔热封隔液一般只在陆上注蒸汽热采井应用。某些油气井的压力系数相对较高，因此需要对油基封隔液进行加重处理。若是采用固相加重的方法，可能会造成封隔器顶部存在大量的固相沉积，从而导致封隔器的工作状态失稳，更严重的可能会对封隔器造成损伤，致使油基封隔液与储层相接触，对储层造成伤害。因此，当储层对封隔液的密度、隔热要求不是很高的时候，可以考虑采用油基隔热封隔液。

水基隔热封隔液：水基隔热封隔液是在传统清洁盐水封隔液的基础上发展起来的，主要是改善了其隔热能力。

# 第7章 深水环空压力监测与管理技术

## 7.1 深水环空压力监测流程

对深水环空存在带压状况的气井，需要对每一个环空都进行实时压力监测，跟踪及记录常规的生产动态资料；尤其是环空压力值发生突变的井，要对其环空压力进行加密监测，除密切关注环空压力的变化速率外，还要同时分析其温度、流量、气体组分和液面位置等其他参数的变化情况，通过与环空带压临界值及最大允许环空带压相比较，判断是否需要进行泄压/压力恢复操作，在进行泄压操作时，根据泄压曲线进行环空风险评估及带压原因的初步诊断，然后根据其余的参数进行环空带压具体原因，如油套管柱泄漏点位置及泄漏程度的判断。以便及时地提出相应的防护措施，尽早地排除安全隐患，降低生产井的操作风险。

深水环空压力监测要求在深水油气井开采中实时监测井筒环空压力，并判断环空的带压等级，同时对温度、流量、气体组分和液面位置进行监测，判断气井各屏障元件的密封性是否完好，若存在泄漏通道，则根据液面位置进行泄漏点位置判断，进而选择合理的堵漏手段。

现有的环空带压气井的监测，仅对环空压力值进行监测，通过与临界压力值及最大允许环空带压值进行比较来进行环空带压严重程度的判断。若环空压力未超过临界压力值，则判断气井完整性可靠，可继续安全生产，无须进一步操作；若环空压力超过其临界压力值，但未超过其最大允许环空带压值，则对带压环空进行泄压/压力恢复操作，观察其环空压力值是否能降为0MPa，若能降为0MPa且一个时间周期内（24小时）压力值不上升，说明环空带压现象是由热效应引起，无须进一步操作；若环空压力不能降为0MPa，或者在降为0MPa后压力值迅速上升，则说明气井屏障元件失效，则需要增加压力监测的频率，以观察环空带压的情况；若环空压力值超过最大允许带压值，则说明气井屏障元件的完整性已严重遭到破坏，需要根据现场具体情况进一步采取措施，如进行补水泥操作或弃井。

综上可知，现有的仅考虑环空压力值的环空带压气井监测办法，并不能进行环空带压具体原因如泄漏位置、泄漏程度和泄漏来源的诊断，不能够为现场安全生产提供足够的数据支撑。因此，本多参数监测方法在监测环空压力值的基础上，还增加了环空温度、流量、气体组分和液面位置的监测，以期能够分析出环空带压的具体原因。依据流量、压力、温度等数据计算其泄漏孔径从而判断泄漏程度，根据液面位置进行泄漏位置的判断，对环空中的气体组分进行分析从而判断其泄漏来源。其具体的多参数监测步骤如下。

（1）首先依据API RP90标准为每口井设置一个临界压力值$P_1$，设为0.69MPa，当环空压力超过$P_1$即说明需要进行进一步诊断分析。

（2）监测每个环空的压力值，当环空压力值超过$P_1$时，即表明存在环空带压现象，对环空进行泄压/压力恢复测试，根据压力下降及恢复曲线对气井的完整性及环空压力原因进行初步判断。若环空压力是由热效应引起的，则在泄压操作后环空压力将会降至 0MPa，然后经过一段时间（通常以 24h 为周期）后会缓慢重新达到一定的压力值，但该压力值一般低于泄压前的环空压力值，如果环空压力曲线值无法降至 0MPa 且关闭阀门后，环空压力值迅速回升，则说明该环空的压力上升可能是因为存在压力源对其进行增补，即油套管柱完整性已失效，油套管柱可能存在泄漏通道。需进一步对环空带压具体原因进行诊断分析。

（3）同时监测相邻环空的压力变化情况，若环空之间存在泄漏通道，则可通过油压与套压的压力变化趋势进行判断，即 A 环空与 B 环空之间存在压力关联反应，则可判断 A、B 环空间的气井屏障元件失效，即油管、悬挂器、封隔器等可能存在漏点。

（4）对泄压操作时排出的环空气体进行组分分析，通过检测气体中是否存在天然气来判断环空带压现象是否由热效应引起，若环空中排出的气体中不含有产层组分及天然气，便可判断是由热效应引起的环空带压现象。

（5）监测泄放操作时排出的流量大小，同时结合实时监测到的环空压力、温度等数据应用泄漏速率诊断方法来进行泄漏程度的判断。

（6）若油管产生了窜通或渗漏，且符合根据环空液面判断泄漏点位置的情况，则可通过对环空保护液进行液面监测从而判断泄漏点位置。

基于以上监测步骤提出了适用于海上环空带压气井的多参数监测流程，A 环空的监测

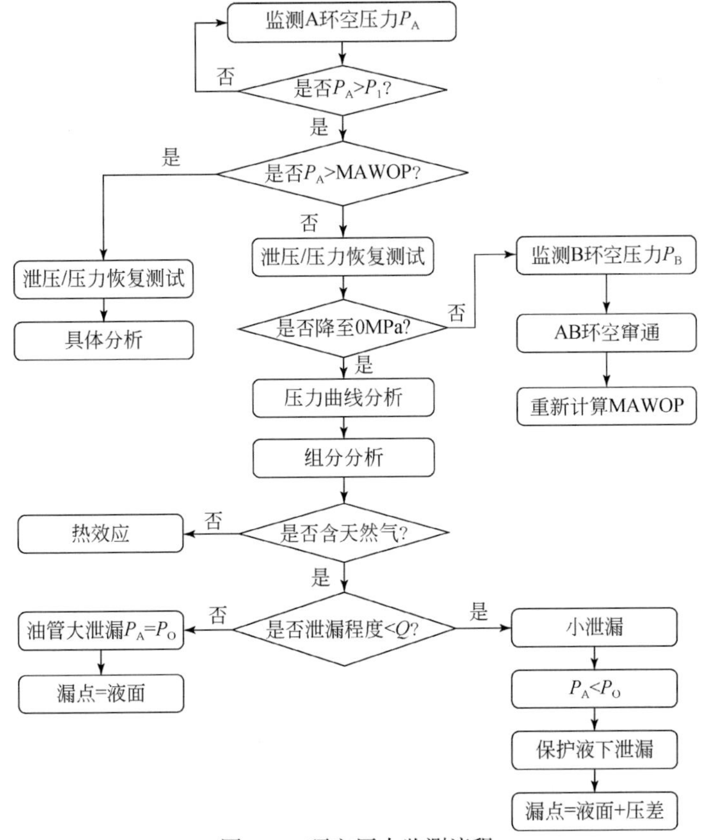


图 7.1　环空压力监测流程

流程图如图 7.1 所示，其中 $P_o$ 为油管压力值，$P_A$ 为 A 环空压力值，$P_1$ 为临界压力值 0.69MPa。外层环空的压力监测流程图与 A 环空类似，将其中的 A 环空换成 B 环空，B 环空换成外层环空即可。

## 7.2 深水环空压力监测方法

### 7.2.1 泄压/压力恢复测试

对环空带压气井的环空压力、温度进行实时监测，当环空压力超过所设临界值 $P_1$ (0.69MPa) 时进行泄压/压力恢复操作，根据现场的统计和国内外相关文献的总结可将泄压曲线和压力恢复曲线分为五种典型曲线模式，包括两种泄压模式及三种压力恢复模式。

1. 正常压力恢复模式

在正常压力恢复模式中，泄压操作之后的初始阶段环空压力上升得非常快，然后再过渡期环空压力上升速率变慢，并最终稳定在一定的压力水平，其压力恢复曲线如图 7.2 所示。环空压力值在过渡期平稳上升，最终的稳定套管压力值大小是由泥浆的重量和地层压力决定的，过渡期的时间长短则根据水泥和泥浆液柱中运移的气体量决定。若水泥和泥浆液柱运移的气体量大，则过渡期时间会延长，反之，过渡期时间较短。

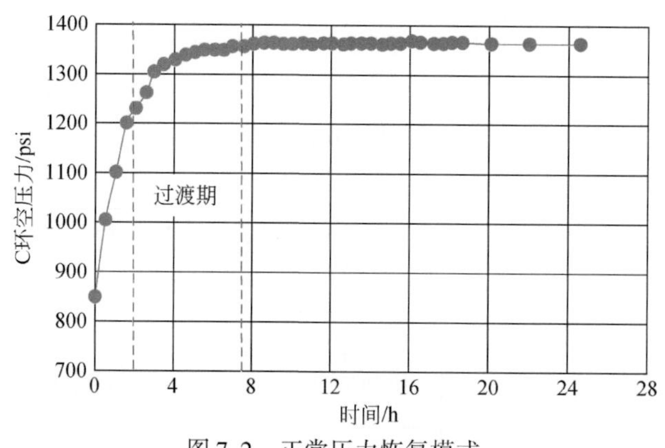


图 7.2 正常压力恢复模式

2. S 型压力恢复模式

S 型压力恢复模式在环空压力上升的初始时期，环空压力值的增加并不明显，甚至还存在压力下降的情况，这是因为环空底部的气泡还未运移至井口。随着时间的推移，第一群气泡途径水泥环和环空保护液到达井口，并在井口处不断聚集，致使套管压力逐渐增加。最终，完成一个周期的压力恢复，环空压力值稳定在一定的水平。其压力恢复曲线如图 7.3 所示。

3. 不完全压力恢复模式

不完全压力恢复模式在测试期间（通常为 24h），没有出现前几个模型的后期稳定阶

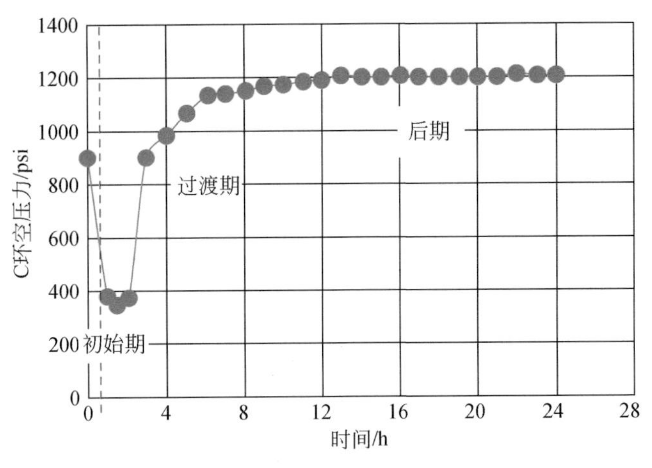


图 7.3　S 形压力恢复模式

段，套管压力值一直处于增大的状态。与其他模式相比，该压力恢复模式在初始阶段套管压力的增加速度较为缓慢，如图 7.4 所示。

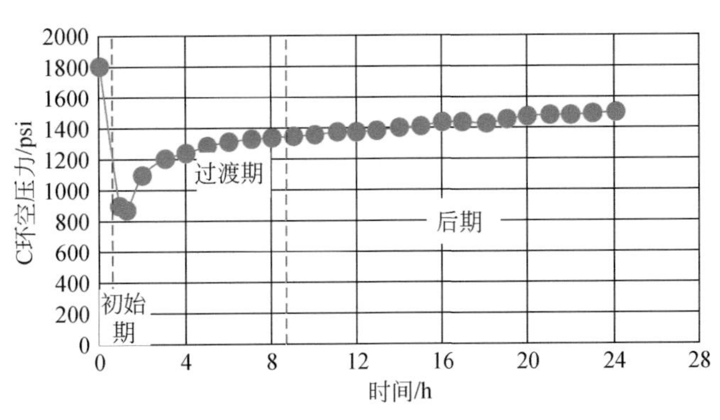


图 7.4　不完全压力恢复模式

4. 瞬时泄压模式

瞬时泄压模式常见于泄压和修井作业中。若在泄压过程将针型阀开到最大，在非常短的时间内放掉环空中少量的气体和液体，若气井的屏障性完好，套管压力通常在 15s 内降至 0psi，泄压时间的长短通常取决于针型阀的开度和环空产出流体的数量。其泄压曲线如图 7.5 所示。

5. 不完全泄压模式

不完全泄压模式即在泄压期间，甚至在 15min 内，环空压力无法降低至 0psi 的情况。如果控制针型阀的开度以减少环空中液体的流出量，泄压时间将会更加延长。此种情况一般说明气井屏障的完整性失效，生产管柱可能存在泄漏途径，致使存在压力源对该环空压力进行补充，从而致使环空压力无法下降至 0psi。其泄压曲线如图 7.6 所示。

在对环空带压气井进行泄压/压力恢复操作测试过程中需要考虑如下内容。

(1) 为确保泄压操作过程中油气井的安全生产，必须保持井下安全阀的开启。

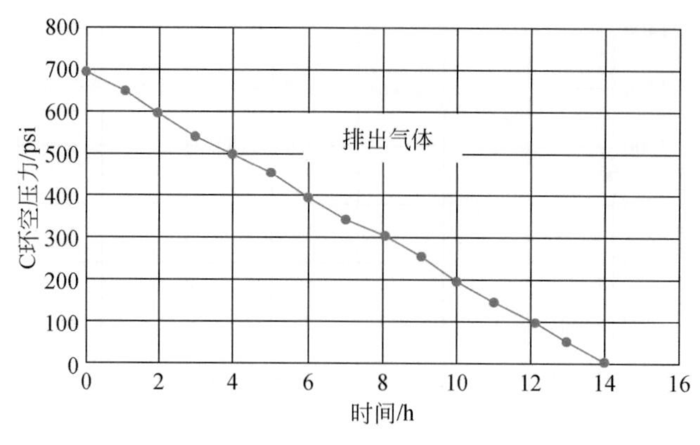


图 7.5　瞬时泄压模式

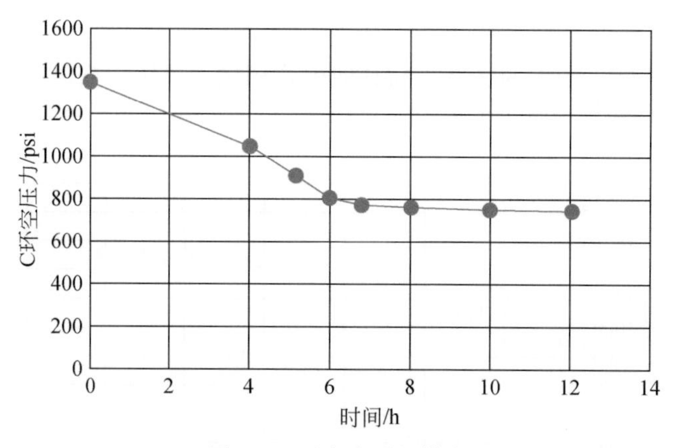


图 7.6　不完全泄压模式

(2) 根据 API RP14B 标准，确保气体泄漏的速率不得低于 0.42$m^3$/min，根据 NORSOK D-010 标准泄漏烃类气体质量在标准状态下不宜超过 1000kg。

(3) 在泄压/压力过程中，对采集到的环空压力曲线进行分析，对比泄压前与泄压后的环空压力值，记录环空压力下降所需要的时间，以及多长时间之后环空压力重新恢复至稳定，并计算其压力泄放速率及恢复速率。

(4) 在进行泄压/压力恢复测试操作中，应密切关注油管及相邻环空的变化情况，对采集到的压力、温度、流量等数据进行保存，以便于日后进行查阅及分析。

(5) 除详细描述环空中返出流体外，还需对泄压操作过程中泄放出的气体进行气体组分分析。

若根据环空压力多参数监测诊断流程，得出气井屏障完整性已失效，则在后期再对环空带压气井进行泄压/压力恢复操作时，需要注意如下内容。

(1) 在气井正常开采且生产状况无改变的情况下，若在泄压操作之后短时间内环空压力迅速回升，并且再次达到稳定的环空带压值高于泄压前的压力值，或者泄压操作后环空压力存在持续增长的趋势，则应注意如下方面：①对放出流体的颜色、黏稠度、体积、组分及可燃状况进行详细记录，若放出流体量过大则需要适当补充环空保护液；②因气井屏障元件已被破坏，故需要使泄压的压差值适当减少，避免对气井现有的生产动态平衡状态造成进一步的破坏；③需适当地减少泄压的次数及频率，从而减少对气井目前的完整性状况的破坏。

（2）在对某带压环空进行泄压/压力恢复操作时，需要同时分析相邻环空的压力变化情况，观察相邻环空压力的改变趋势是否相同，这是判断相邻环空是否存在泄漏途径的依据。

（3）针对因油套管柱泄漏引起的环空压力，且可通过泄漏点位置进行判断的情况，可通过液面测试及相应计算，从而进行油套管泄漏位置的判断。

## 7.2.2 定产量生产法

确定一定的生产产量，比较 A 环空与生产管柱的压力，如果两个压力值相差较大，那么 A 环空圈闭压力由热效应引起，如果压力几乎相等，则 A 环空与生产管柱存在连通可能性。该方法最简单也最经济，不需要变产量或者开关井，但当 A 环空圈闭压力接近生产管柱井口压力时很难判断 A 环空是否与生产管柱连通。

## 7.2.3 关井监测法

将以一定产量生产的井关井，观察 A 环空压力，正常情况井在一定的时间内温度降低至初始生产期间的地层温度，压力也下降至一个稳定值，如果压力不降反而升高表示 A 环空与生产管柱连通，并且生产管柱可能存在较大的泄漏。如果压力下降后又开始回升表示 A 环空与生产管柱连通，且生产管柱泄漏较小。关井后并未发现上述现象，开井恢复到原来的产量继续生产，如果出现环空压力高于关井之前的环空压力表示 A 环空出现持续带压，A 环空与生产管柱连通，且泄漏较小。该方法的优点是关井后整个生产系统温度降低，各个环空压力也随之降低不会对井筒完整性造成损害，另外压力便于观察容易判断生产管柱是否泄漏。缺点是关井停产后再开井形成水合物的风险极高。

## 7.2.4 油套管柱泄漏分析法

环空持续带压主要是由生产管柱完整性破坏引起，如管柱破损、生产腐蚀、连接泄漏等。关闭井下安全阀，泄掉安全阀以上压力，如果在泄压过程中或者泄压后 A 环空压力出现下降现象则表示安全阀以上生产管柱与 A 环空连通。

无论是采用哪种方式进行 A 环空压力诊断，需要注意的是要记录诊断前后的压力、泄放的体积、压力恢复趋势/降落趋势与时间的关系等关键参数。此外还要考虑生产管柱和生产套管的强度，特别是在进行泄压再恢复生产法时考虑泄放流体量，如果泄放流体过多，当关井降温后可能会在 A 环空形成真空效应引起生产管柱破裂、生产套管挤毁现象，在关井期间密切监测 A 环空压力，必要时及时从化学药剂注入管线或者环空压力监测管鞋补充流体维持压力稳定。

目前研究表明油套管柱泄漏程度及发展趋势对环空带压状况存在重要影响，泄漏孔在高压天然气的冲蚀下其孔径可于短时间内增大。若是由油套管柱泄漏引起的持续环空带压，且其泄漏孔径小于20mm时，考虑其孔径较小，可以利用小孔泄漏模型计算油套管的泄漏速率。假设油管内压力是不因泄漏的影响而发生变化，且忽略摩擦因素，将气体膨胀过程看做是等熵的，根据临界压比 $v$ 确定气体在泄漏点处为临界流动还是亚临界流动，临界压力比 $v$ 由式（7.1）进行计算：

$$\nu=\frac{P_c}{P_2}\left(\frac{2}{k+1}\right)^{\frac{k}{k-1}} \tag{7.1}$$

式中，$P_c$ 为临界压力，Pa；$P_2$ 为油管泄漏处内压，Pa；$k$ 为天然气等熵指数，取1.334。

当环空压力与油管压力值之比 $P_a/P_c>\nu$ 时，孔口气体流动为亚临界流。此时，泄漏速率按式（7.2）计算：

$$Q=P_2A\sqrt{\frac{2k}{k-1}\frac{M}{ZRT}\left[\left(\frac{P_a}{P_2}\right)^{\frac{2}{k}}-\left(\frac{P_a}{P_2}\right)^{\frac{k+1}{k}}\right]} \tag{7.2}$$

式中，$Q$ 为泄漏孔处的质量流量，kg/s；$A$ 为孔口面积，$m^2$；$M$ 为摩尔质量，g/mol；$Z$ 为压缩因子；$R$ 为通用气体常数，J/kmol；$T$ 为天然气的温度，K。

当环空压力与油管压力值之比 $P_a/P_c<\nu$ 时，孔口气体流动为临界流。此时，泄漏速率按式（7.3）计算：

$$Q=P_2A\sqrt{\frac{M}{ZRT}\left(\frac{2}{k+1}\right)^{\frac{k+1}{k-1}}} \tag{7.3}$$

在环空进行泄压操作时，通过环空联通阀连接环空带压地面监测系统，读取在环空泄压稳定阶段时的油管压力、环空压力、泄漏速率及温度等数据，然后代入公式反推计算出油管泄漏孔径。根据油管泄漏孔径评价油管柱屏障元件的失效程度。

### 7.2.5 井筒实时监测

对于水下井口及采油树生产井，从井开始生产起，由于热的地层流体通过生产管柱流至井口过程中存在热传导，会对井产生加热效应，为了保障井筒完整性，目前通常采取以下措施：①当前套管固井水泥返至上层套管鞋以下，通过裸露地层释放环空压力；②环空注入氮气，通过气体膨胀收缩原理释放环空压力；③在套管上安装可压缩的复合泡沫材料，通过泡沫材料受压引起体积变化；④在套管上安装破裂盘，受压后破裂可释放压力；⑤安装压力释放阀；⑥选择更高钢级与磅级的套管等方式来解决热效应导致的环空圈闭流体膨胀所产生的压力。对于A环空压力检测需要考虑采取上述任一方式进行预防时可能产生的影响，正常情况下当井开始生产并工作一段时间后A环空压力会随着井筒的完全加热而达到一个稳定值，通常不推荐释放A环空压力。如果在生产期间A环空压力发生变化或者A环空压力与井口处海水静液柱压力相差超过0.69MPa时就要考虑长期带压是否会形成持续带压问题。当关井后井筒会降温至初始投产前的地层温度，此时各环空压力达到稳定，再与投产前的检测压力相比较，若降低则需要通过检测管线替入液体补充压力（可能与之前生产时环空压力过高情况下释放环空流体有关)，若升高则需要考虑是否出现持续带压问题（可能与生产时环空流体固相颗粒沉降引起的环空体积减小有关)。

引起 A 环空压力变化的主要因素有：①B 环空水泥被破坏/水泥封固差，同时生产套管发生泄漏导致 A、B 环空连通（B 环空与储层连通)；②生产封隔器泄漏；③生产管柱破损或者扣失效泄漏；④水下采油树阀及密封失效；⑤生产套管挤毁；⑥采用尾管的尾管封隔器密封失效等。通常生产管柱失效是 A 环空持续带压主要原因，A 环空压力的判断是准确诊断生产环空及其他环空状况的唯一途径。

# 第8章 深水环空压力管理案例分析

A1 井位于西非 AKPO 油田深水海域，水深超过 1300m。为中海油在海外投资的第一个深水、超深水开发项目，2009 年投产以来已经安全稳产多年。

本章通过前面章节建立的环空温压预测模型和泡沫套管控压模型，以 A1 井为例，针对多环空井段中环空压力进行风险评估，分析泡沫套管环空压力控制方法在现场的应用情况。

## 8.1 环空压力风险评估

### 8.1.1 井身结构基础数据

非洲西海岸尼日利亚的 OML-130 区块是中海油在国际上投资的第一个深水、超深水开发项目，该区块开发的 AKPO 油田平均作业深水在 1300 ~1700m，完钻井深在 3000 ~ 6000m，地温梯度约为 0.035℃/m，油藏储层温度高，容易在油井投产后产生环空圈闭压力升高的现象，威胁井筒安全。为分析油井生产过程中各层环空温度和压力的变化情况，选取 A1 井作为案例井进行研究，环空中主要残存的流体为水基钻井液，储层主要产出油水混合物，井筒完整性良好，不存在环空漏失和气体串槽现象。A1 井身结构如所示图 8.1，

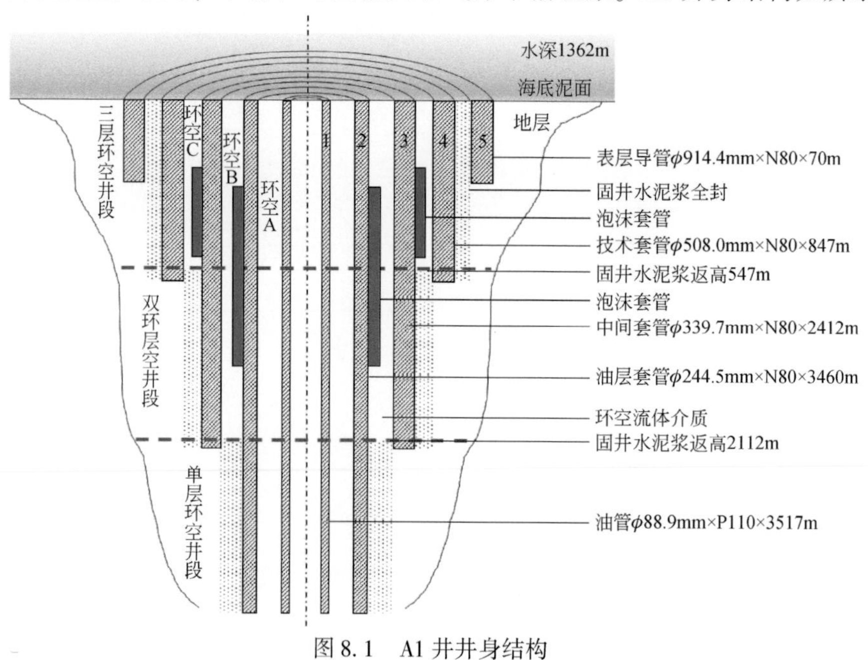


图 8.1　A1 井井身结构

计算参数和套管强度分别见表 8.1 和表 8.2。

**表 8.1 A1 井相关计算参数**

| 参数 | 取值 | 参数 | 取值 |
|---|---|---|---|
| 水深 | 1362m | 完钻井深 | 3517m |
| 第一段水泥返高 | 2112m | 第二段水泥返高 | 547m |
| 地温梯度 | 3.49℃/100m | 海底泥线温度 | 4.0℃ |
| 井底压力 | 60.0MPa | 储层油藏温度 | 127℃ |
| 生产时间 | 200d | 油井产量 | 180t/d |
| 地层流体密度 | $870kg/m^3$ | 地层流体比热容 | 2100J/(kg·℃) |
| 地层导热系数 | 2.25W/(m·K) | 地层热扩散系数 | $1.17\times10^{-6}m^2/s$ |
| 水泥环导热系数 | 1.0W/(m·K) | 水泥环弹性模量 | 10.0GPa |
| 套管导热系数 | 50.5W/(m·K) | 油管导热系数 | 45.0W/(m·K) |
| 套管热膨胀系数 | $1.2\times10^{-5}℃^{-1}$ | 套管弹性模量 | 200GPa |
| 套管泊松比 | 0.3 | 环空流体热导率 | 0.62W/(m·K) |

**表 8.2 A1 井套管强度**

| 套管层次 | 套管外径/mm | 套管壁厚/mm | 钢级 | 抗内压强度/MPa | 抗外挤强度/MPa |
|---|---|---|---|---|---|
| 油管 | 88.90 | 9.520 | P110 | 103.4 | 105.6 |
| 油层套管 | 244.5 | 13.84 | N80 | 54.70 | 45.60 |
| 中间套管 | 339.7 | 13.06 | N80 | 37.10 | 18.40 |
| 技术套管 | 508.0 | 16.13 | N80 | 16.50 | 10.30 |
| 表层导管 | 914.4 | 25.40 | N80 | — | — |

## 8.1.2 井筒环空温度预测

如图 8.2 显示了 A1 井油管产出液温和各层环空流体温度随井深变化的关系。可以看出，油管和 A、B、C 各层环空内的流体温度由井底到井口方向依次减小，并且沿着井径方向逐渐降低。A 环空最高温度为井底储层温度，最低温度 69.37℃出现在海底井口处，仍然远高于海底泥线温度；B 环空和 C 环空最大温度分别为 107.76℃和 56.45℃，最低温度分别为 63.88℃和 48.41℃。

针对全井段而言，S1 井段 A 环空平均温度 121.61℃；S2 井段 A 环空平均温度 99.88℃，B 环空平均温度 91.65℃；S3 井段 A 环空平均温度 76.28℃，B 环空平均温度 63.87℃，C 环空平均温度 56.16℃。

此外，从图 8.2 中可以看出，多环空井段中的各层环空流体温降梯度沿井底到井口减缓，这主要是由于随着井筒内环空层次增加，导致井段径向传热系数减小，降低了井筒散热速率，起到了隔热保温的效果。同时由于水泥返高处井身结构的变化导致该深度处井筒径向界面的热阻结构发生了突变，所以在 B、C 环空温度曲线中出现了“阶梯”状的分层现象。

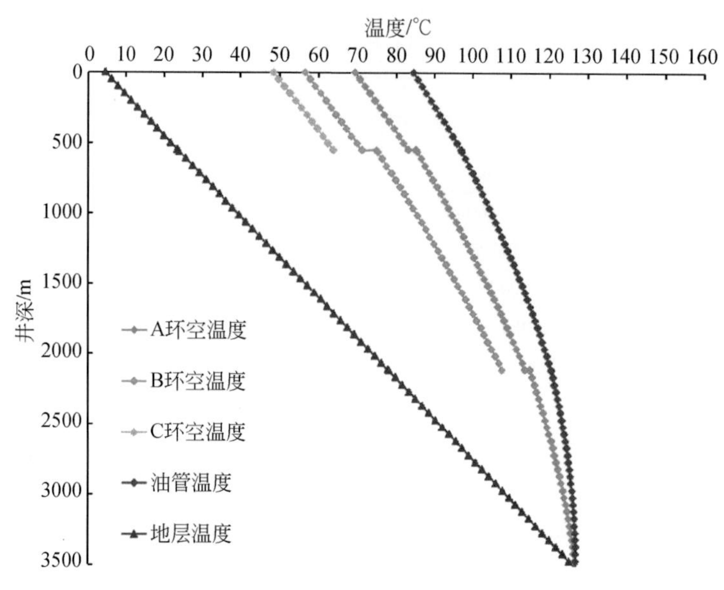


图 8.2　A1 井井筒温度分布

图 8.3 显示了各层环空温度增量随井深变化的关系，可以看出环空温度增量从井底到泥线井口逐渐增加，A 环空的温度增量从井底到井口分别是 0℃和 65.05℃；B 环空温度增量在水泥返高处为 29.73℃，井口处为 52.12℃；C 环空温度增量在水泥返高处为 40.46℃，井口处为 44.09℃。根据环空温差的定义，投产前井筒与地层进行了充分的热量交换，井筒各层环空温度与地层温度分布一致，由图 8.3 可以看出，井筒各层密闭环空流体温度增加幅度剧烈，极易产生环空圈闭压力上升现象。

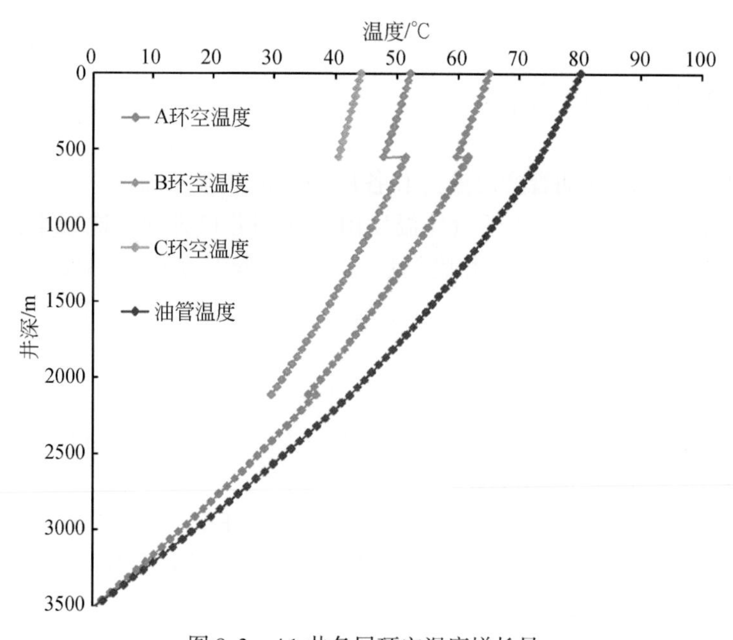


图 8.3　A1 井各层环空温度增长量

同时，为了解不同环空层次井段中井筒温度径向上的分布情况，分别在单环空井段（S1）500m、双环空井段（S2）1500m 和三环空井段（S3）3000m 处截取了井筒径向温度剖面进行研究，如图 8.4 所示。

在 3000m 处，该深度处地层温度约为 109.55℃，油管温度约为 126.12℃，A 环空温度为 123.94℃，温度增加 14.40℃。

在 1500m 处，该深度处地层温度约为 57.10℃，油管温度约为 112.92℃，A 环空温度为 103.93℃，温度增加 46.84℃，B 环空温度为 96.19℃，温度增加 39.10℃。

在 500m 处，该深度处地层温度约为 21.67℃，油管温度约为 95.78℃，A 环空温度为 81.90℃，温度增加 60.23℃，B 环空温度为 69.93℃，温度增加 48.26℃；C 环空温度为 62.49℃，温度增加 40.82℃。

针对全井段而言，S1 井段 A 环空温度平均增加 19.86℃；S2 井段 A 环空温度平均增加 49.72℃，B 环空温度平均增加 41.50℃；S3 井段 A 环空温度平均增加 62.45℃，B 环空温度平均增加 50.04℃，C 环空温度平均增加 42.33℃。

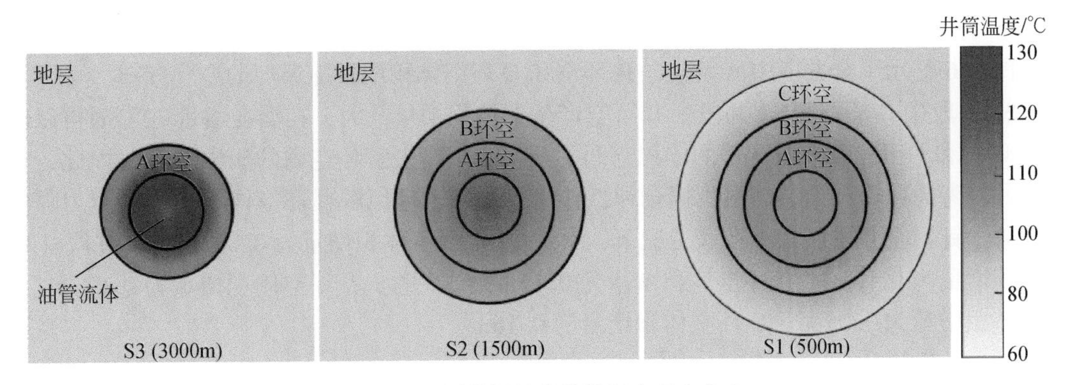


图 8.4 不同井深处的井筒温度径向分布

## 8.1.3 井筒环空压力预测

根据井筒环空温度的分布规律，可以进一步研究环空压力与温度之间的关系。图 8.5 显示了全井段中 A 环空、B 环空和 C 环空压力随温度的变化规律。可以看出，各层环空压力随着温度的增加而增加，同时由于环空流体热力学参数的非线性变化，导致环空压力与温度之间并未完全呈线性关系。其中 S1 井段中 A 环空压力增长幅度最大，在温度增量 70℃时可以产生 63.20MPa 的环空圈闭压力，S3 井段中 C 环空和 S2 井段中 B 环空增长幅度较小，在温度增量 70℃时可以产生的环空圈闭压力约 46.38MPa，该现象主要是由于井底高温环境导致靠近井底处的环空流体热膨胀系数较大，产生的热膨胀压力高，另外一方面也是由于环空体积受限，流体自由膨胀被抑制。

针对全井段而言，S1 井段 A 环空压力平均值为 17.95MPa；S2 井段 A 环空压力平均值为 39.96MPa，B 环空压力平均值为 24.62MPa；S3 井段 A 环空压力平均值为 53.30MPa，B 环空压力平均值为 33.86MPa，C 环空压力平均值为 25.14MPa。

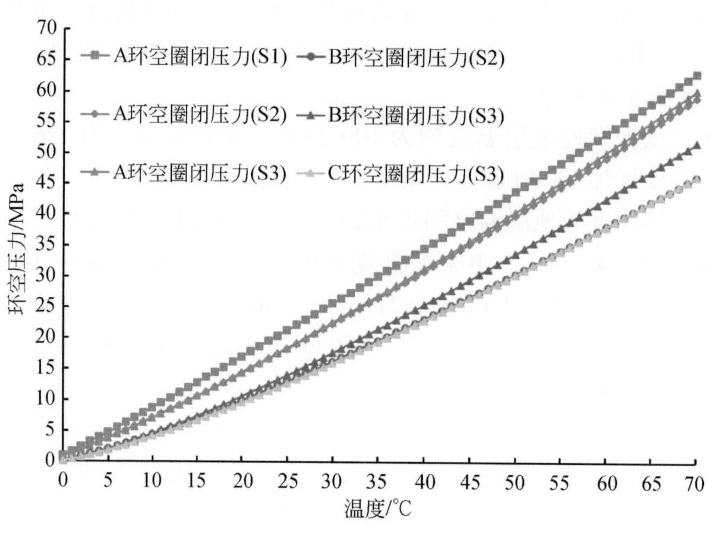


图 8.5　A 环空、B 环空和 C 环空压力随温度的变化规律

图 8.6 显示了全井段中 A 环空、B 环空和 C 环空体积增量随温度的变化规律。可以看出，S3 井段中 C 环空和 S2 井段中 B 环空产生的体积增量最大，在温度增量 70℃时可以使得 B 环空和 C 环空膨胀 0.3$m^3$的体积空间，从而大幅度缓解环空内的压力增量。因此，在封固井段考虑井筒和地层的热固耦合弹性作用，可以合理地解释环空体积增加，压力降低的现象。针对全井段而言，在该工况下，S1 井段 A 环空体积增量为 0.06$m^3$；S2 井段 A 环空体积增量为 0.16$m^3$，B 环空体积增量为 0.15$m^3$；S3 井段 A 环空体积增量为 0.07$m^3$，B 环空体积增量为 0.05$m^3$，C 环空体积增量为 0.16$m^3$。

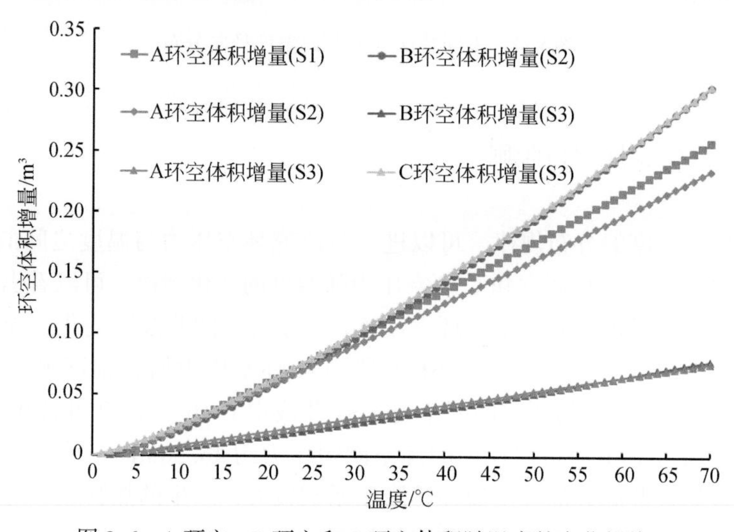


图 8.6　A 环空、B 环空和 C 环空体积随温度的变化规律

### 8.1.4 管柱强度极限分析

API RP90 标准对环空压力最大允许值做出了如下规定：

$$P_{ac} = \min(0.5 \times P_{co},\ 0.75 \times P_{cc},\ 0.8 \times P_{cno})$$

式中，$P_{ac}$为环空压力最大允许值，MPa；$P_{co}$为密闭环空外侧管柱抗内压强度，MPa；$P_{cc}$为密闭环空内侧管柱抗外挤强度，MPa；$P_{cno}$为紧邻密闭环空的外侧管柱抗内压强度，MPa。

表 8.3 显示了 A1 井全井段的环空压力预测结果和套管强度极限，可以看出 S2 井段、S3 井段中的环空压力值均超过了套管强度极限，深水水下井口可以通过 A 环空阀门和辅助管线对压力进行控制，因此考虑采取泡沫套管的方法，针对 B 环空和 C 环空进行压力控制，保障井筒安全。

**表 8.3 各层环空温度、压力和体积变化及套管强度极限**

| 井段 | 环空 | 深度/m | 环空温度/℃ | 环空压力/MPa | 环空体积/$m^3$ | $0.5\times P_{co}$/MPa | $0.75\times P_{cc}$/MPa | $0.8\times P_{cno}$/MPa |
|---|---|---|---|---|---|---|---|---|
| S3 | A | 547 | 62.45 | 53.30 | 0.07 | 27.35 | 79.20 | 29.68 |
| | B | | 50.04 | 33.86 | 0.05 | 18.55 | 34.20 | 13.20 |
| | C | | 42.33 | 25.14 | 0.16 | 8.25 | 13.80 | — |
| S2 | A | 1565 | 49.72 | 39.96 | 0.16 | 27.35 | 79.20 | 29.68 |
| | B | | 41.50 | 24.62 | 0.15 | 18.55 | 34.20 | — |
| S1 | A | 1403 | 19.86 | 17.95 | 0.06 | 27.35 | 79.20 | — |

## 8.2 泡沫套管压力管理

### 8.2.1 泡沫套管设计优化

采用泡沫套管控压技术，首先需要保证泡沫套管在钻完井下入过程中保持结构和功能的完整，泡沫套管的启动压力要高于环空流体静液柱压力；其次在井筒温度升高后，环空圈闭压力上升，泡沫套管启动压力不能超过环空压力最大允许值和环空流体静液柱压力之和，即

$$\delta \times (\rho_s g H_s + \rho_f g H_f) \leqslant P_{cr} \leqslant \delta \times (\rho_s g H_s + \rho_f g H_f) + P_{ac}$$

式中，$P_{cr}$为泡沫套管的启动压力，MPa；$\delta$ 为安全系数，无因次；$\rho_s$为海水密度，$kg/m^3$；$\rho_f$为环空流体密度，$kg/m^3$；$H_f$为泡沫套管安装高度，m。

图 8.7 和图 8.8 分别显示了单独在 B 环空和 C 环空内安置不同长度泡沫套管后，S3 井段各层环空压力的变化情况。可以看出，由于各层环空间的相互影响，在安装泡沫套管

后，A 环空、B 环空和 C 环空压力均降低，并随着泡沫套管长度的增加，环空压力下降幅度增大。B 环空和 C 环空分别单独安装 150m 和 200m 泡沫套管后，环空压力下降至套管强度安全极限以内，但随着温度持续的升高，环空压力会重新上升。

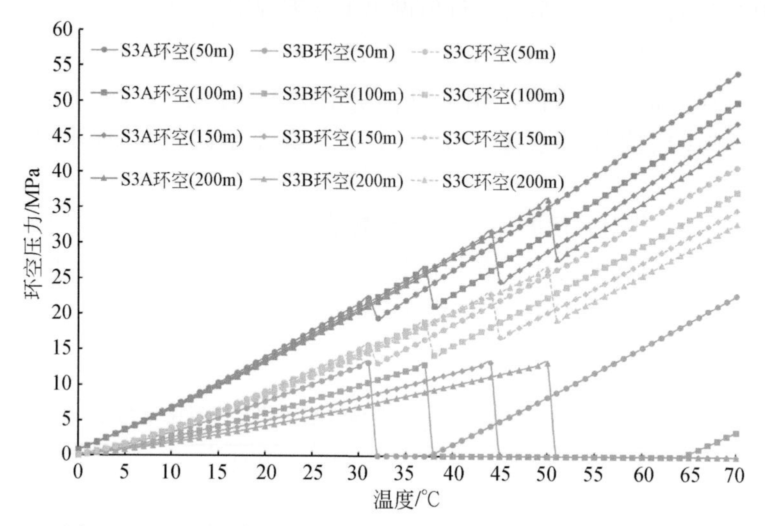

图 8.7　B 环空安装泡沫套管后各层环空压力的变化情况（S3）

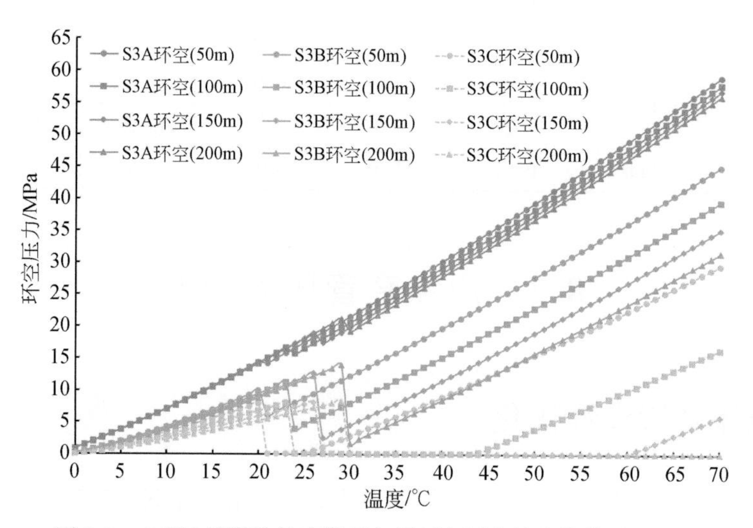

图 8.8　C 环空安装泡沫套管后各层环空压力的变化情况（S3）

图 8.9 显示了单独在 S2 井段 B 环空安置不同长度泡沫套管后 B 环空压力的变化情况。可以明显看出，在安装了泡沫套管后，B 环空的环空压力呈现出三个阶段：第一阶段，泡沫套管弹性压缩，环空压力随着温度的增加而缓慢上升，同时泡沫套管长度越长，压力下降幅度越大；第二阶段，泡沫套管屈服破环，当环空压力上升至泡沫套管启动压力临界值，可压缩泡沫材料内部空心玻璃微珠全部破裂，释放出环空体积空间，吸收环空压力，该阶段环空压力急剧下降；第三阶段，泡沫套管开始致密化压缩，由于泡沫套管长度和体积的限制，环空圈闭压力将随着温度的增长重新开始上升，此时主要依靠可压缩泡沫材料

的树脂基体塑性形变释放体积空间。

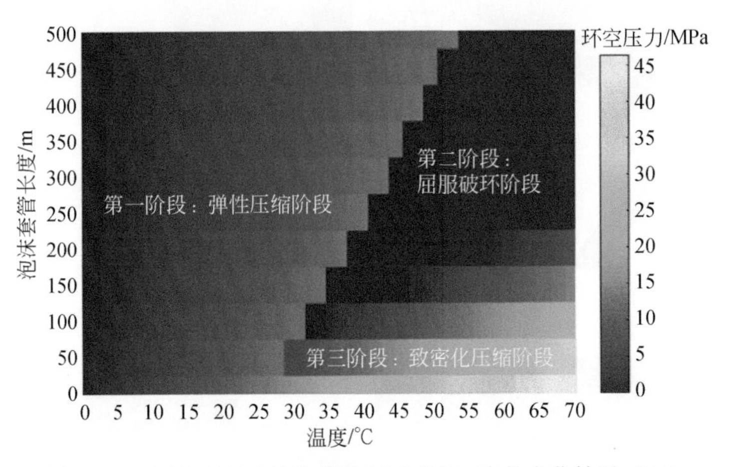


图 8.9 B 环空安装泡沫套管后各层环空压力的变化情况（S2）

## 8.2.2 现场应用效果分析

泡沫套管中的可压缩泡沫材料主要采取模块化的安装方式（图 8.10），通过粘黏剂和钢带附加在套管外壁上（图 8.11）。同时为了下套管过程方便，只在套管本体上安装泡沫模块，通常每根 12.1m 长的套管上安装 9.4m 长的泡沫材料。根据套管间环空间隙的大小，泡沫模块壁厚通常尺寸范围在 25.4mm 至 38.1mm，为了减少泡沫套管对环空间隙阻塞效应，可采取模块对装的方式消除影响（图 8.12）。

图 8.10 泡沫套管模块化组装

图 8.13 显示了 S3 井段 B 环空、C 环空和 S2 井段 B 环空中单独安装泡沫套管后的控压效果。可以看到，当 S3 井段 B 环空中泡沫套管数量超过 10 根时，环空压力下降至套管安全强度极限以内；当泡沫套管数量超过 16 根时，可以完全消除 B 环空内增长的圈闭压力；但当泡沫套管数量超过 44 根时，B 环空内圈闭压力仍然存在，并维持在套管安全强度极限以下，随着泡沫套管数量的增加逐渐降低，这主要是因为当环空内存在过量泡沫套管时，泡沫材料的弹性压缩占主导，环空压力无法达到泡沫套管的启动压力，空心玻璃微

图 8.11　泡沫套管钢带和粘黏剂装配

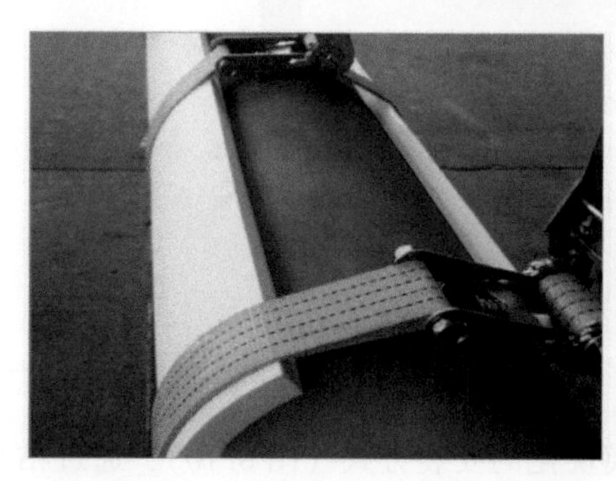

图 8.12　泡沫模块对装设计

珠并未破裂，因此无法完全释放出环空体积空间，进一步吸收环空压力。在 S3 井段 C 环空和 S2 井段 B 环空内，当泡沫套管数量分别超过 14 和 12 根时，环空压力下降至套管安全强度极限以内；当泡沫套管数量分别超过 22 和 36 根时，可以完全消除环空内增长的圈闭压力。

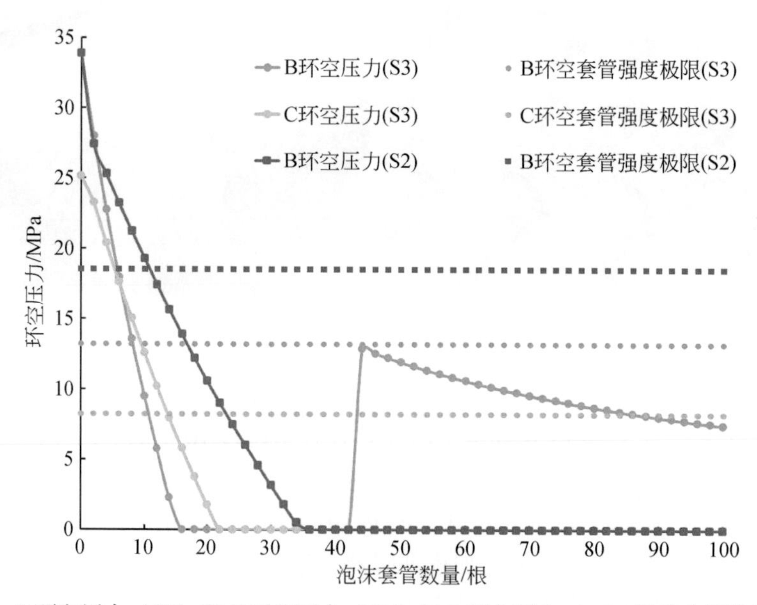


图 8.13　B 环空压力（S3）和 C 环空压力（S3）与 B 环空压力（S2）随着套管数量的变化

同时考虑到环空间的相互影响，在 S3 井段 B 环空和 C 环空中对泡沫套管数量进行优化设计，以期达到经济有效的控压效果。图 8.14 和图 8.15 显示了在 S3 井段 B 环空和 C 环空同时安装泡沫套管后，各层环空压力与泡沫套管数量之间的关系。可以看出，随着泡沫套管数量的增加，B 环空和 C 环空压力上升幅度同时减缓，在达到各自泡沫套管的启动压力后，环空压力骤降，泡沫材料内的玻璃微珠破碎释放出可供流体膨胀的体积空间所致，同时在致密化压缩阶段，环空压力增速进一步减缓。

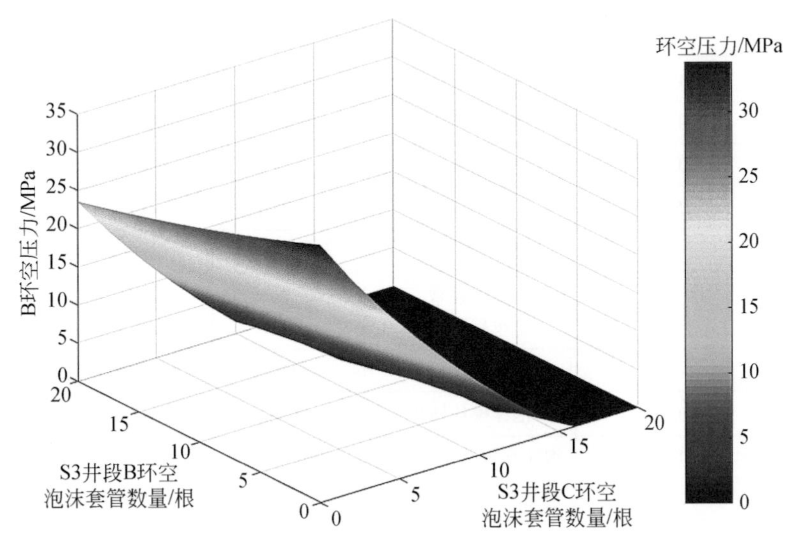


图 8.14 B 环空压力变化随着 B、C 环空中套管数量的变化（S3）

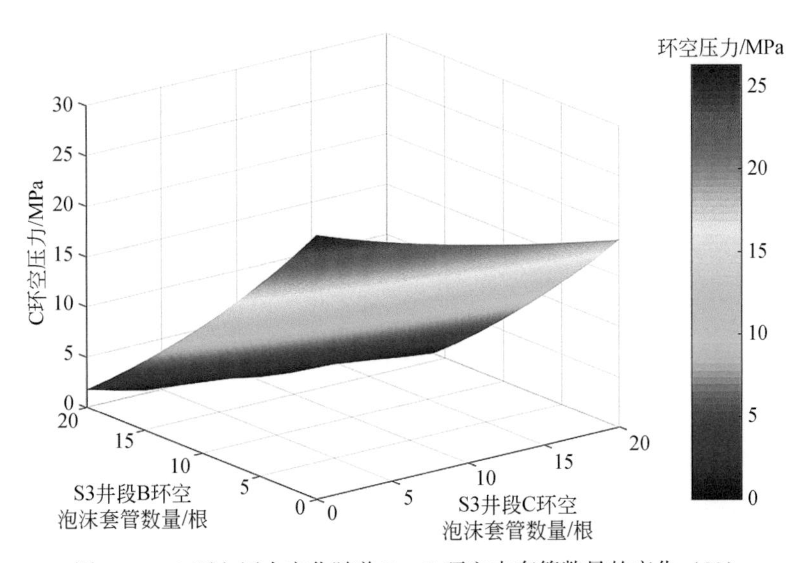


图 8.15 C 环空压力变化随着 B、C 环空中套管数量的变化（S3）

根据套管柱强度极限的分析，设计出各层环空中安装泡沫套管的合理数量，表 8.4 给出了 A1 井各层环空泡沫套管设计参数。通过 A1 井投产多年的结果显示，全井段各层环空压力均正常，未曾出现因为环空压力问题导致的井下套管挤毁、破裂等事故，证实了采用泡沫套管技术能够有效控制环空压力的上升，保障管柱安全和井筒完整性。

**表 8.4 泡沫套管设计参数**

| C 环空（S3） | 参数 | B 环空（S3） | 参数 | B 环空（S2） | 参数 |
|---|---|---|---|---|---|
| 环空内径 | 0.3397m | 环空内径 | 0.2445m | 环空内径 | 0.2445m |
| 环空外径 | 0.5080m | 环空外径 | 0.3397m | 环空外径 | 0.3397m |
| 环空长度 | 547m | 环空长度 | 547m | 环空长度 | 1565m |
| 环空体积 | 47.66$m^3$ | 环空体积 | 16.56$m^3$ | 环空体积 | 47.39$m^3$ |
| 泡沫模块内径 | 0.3397m | 泡沫模块内径 | 0.2445m | 泡沫模块内径 | 0.2445m |
| 泡沫模块厚度 | 0.0254m | 泡沫模块厚度 | 0.0254m | 泡沫模块厚度 | 0.0254m |
| 启动压力 | 25.49MPa | 启动压力 | 30.44MPa | 启动压力 | 45.18MPa |
| 体积压缩率 | 31% | 体积压缩率 | 35% | 体积压缩率 | 37% |
| 泡沫套管单根长度 | 12.1m | 泡沫套管单根长度 | 12.1m | 泡沫套管单根长度 | 12.1m |
| 泡沫套管数量 | 6 | 泡沫套管数量 | 12 | 泡沫套管数量 | 12 |
| 泡沫模块体积 | 0.821$m^3$ | 泡沫模块体积 | 1.214$m^3$ | 泡沫模块体积 | 1.214$m^3$ |
| 泡沫套管总长度占比 | 13.27% | 泡沫套管总长度占比 | 26.54% | 泡沫套管总长度占比 | 9.278% |
| 泡沫套管总体积占比 | 1.723% | 泡沫套管总体积占比 | 7.331% | 泡沫套管总体积占比 | 2.562% |

# 参考文献


邓元洲，陈平，张慧丽. 2006. 迭代法计算油气井密闭环空压力. 海洋石油，26（2）：93-96.

高宝奎. 2002. 高温引起的套管附加载荷实用计算模型. 石油钻采工艺，24（1）：8-10.

高德利，王宴滨. 2016. 深水钻井管柱力学与设计控制技术研究新进展. 石油科学通报，1（01）：61-80.

管志川，柯珂，苏堪华. 2011. 深水钻井井身结构设计方法. 石油钻探技术，39（02）：16-21.

韩守红，吕振华，刘永进. 2010. 硬质聚氨酯泡沫力学特性的静水压力加载实验方法研究. 实验力学，25（1）：55-60.

孔志国. 2010. 一个中海油，不够. 中国经济周刊，(37)：27-27.

李维特，黄保海，毕仲波. 2004. 热应力理论分析及应用. 北京：中国电力出版社.

李兆敏，黄善波. 2008. 石油工程传热学：理论基础与应用. 东营：中国石油大学出版社.

卢沛伟，袁晓兵，欧宇钧等. 2015. 水下采油树发展现状研究. 石油矿场机械，(6)：6-13.

宋超. 2012. 玻璃微珠/环氧轻质复合材料的制备及力学性能预报. 哈尔滨工程大学硕士学位论文.

王淑玲，姜重昕，金玺. 2018. 北极的战略意义及油气资源开发. 中国矿业，(1)：20-26.

王树平. 2005. 高温气井温度对套管接头密封及套管附加载荷的影响分析. 西南石油学院硕士学位论文.

杨丽丽，王陆新，潘继平. 2017. 全球深水油气勘探开发现状、前景及启示. 中国矿业，26（z2）：14-17.

殷民，李华. 1998. 泡沫塑料三轴动静态压缩力学性能的试验研究. 西安交通大学学报，(6)：78-81.

张功成，屈红军，赵冲，等 2017. 全球深水油气勘探 40 年大发现及未来勘探前景. 天然气地球科学，28（10）:1447-1477.

张智，顾南，杨辉等. 2011. 高含硫高产气井环空带压安全评价研究. 钻采工艺，34（1）：42-44.

张智，李炎军，张超等. 2013. 高温含 $CO_2$ 气井的井筒完整性设计. 天然气工业，33（9）：79-86.

张智，许红林，刘志伟等. 2016. 气井环空带压对水泥环力学完整性的影响. 西南石油大学学报（自然科学版），38（02）：155-161.

中国石油勘探开发研究院. 2017. 全球油气勘探形势及油公司动态（2017 年）发布. 断块油气田，(6)：792-792.

舟丹. 2017. 全球深水油气勘探四新领域. 中外能源，(11)：60-60.

周守为. 2008. 南中国海深水开发的挑战与机遇. 高科技与产业化，4（12）：20-23.

邹林池. 2013. 空心球/Al 微孔材料的压缩变形行为和吸能性能研究. 哈尔滨工业大学博士学位论文.

Adams A J. 1991. How to design for annulus fluid heat-up. SPE 22871.

Adams A J, MacEachran A. 1994. Impact on casing design of thermal expansion of fluids in confined annuli. SPE Drilling & Completion, 9 (03): 210-216.

Alaska Oil & Gas Conservation Commission (AOGCC). 2003. Investigation of Explosion and Fire at Prudhoe Bay Well A-22 North Slope, Alaska August 16, 2002. Alaska Oil & Gas Conservation Commission (AOGCC) Staff Report. Alaska, Canada.

Azzola J, Tselepidakis D, Pattillo P D, et al. 2007. Application of vacuum insulated tubing to mitigate annular pressure buildup. SPE Drilling & Completion, 22 (1): 46-51.

Bradford D W, Fritchie Jr D G, Gibson D H, et al. 2004. Marlin failure analysis and redesign: Part 1 - description of failure. SPE Drilling & Completion, 19 (2): 104-111.

Ellis R C, Fritchie Jr D G, Gibson D H, et al. 2004. Marlin failure analysis and redesign: Part 2-redesign. SPE Drilling & Completion, 19 (2): 112-119.

Energy Daily. 2018. 2018 年深水石油勘探具有吸引力. 中外能源, 23 (4): 102-102.

Ferreira M V D, Dos Santos A R, Vanzan V. 2012. Thermally insulated tubing application to prevent annular pressure build in Brazil offshore fields. SPE 151044.

Gao D, Qian F, Zheng H. 2012. On a method of prediction of the annular pressure buildup in deepwater wells for oil & gas. CMES: Computer Modeling in Engineering & Sciences, 89 (1): 1-16.

Goodman M A, Halal A S. 1993. Case study: HPHT casing design achieved with multistring analysis. SPE 26322.

Gosch S W, Horne D J, Pattillo P D, et al. 2004. Marlin failure analysis and redesign: Part 3-VIT completion with real-time monitoring. SPE Drilling & Completion, 19 (2): 120-128.

Halal A S, Mitchell R F. 1994. Casing design for trapped annular pressure buildup. SPE Drilling & Completion, 9 (2): 107-114.

Halal A S, Mitchell R F, Wagner R R. 1997. Multi-string casing design with wellhead movement. SPE 37443.

Hasan R, Izgec B, Kabir S. 2010. Sustaining production by managing annular-pressure buildup. SPE Production & Operations, 25 (2): 195-203.

Leach C P, Adams A J. 1993. A new method for the relief of annular heat-up pressures. SPE 25497.

Liu Z, Samuel R, Gonzales A, et al. 2016. Modeling and simulation of annular pressure buildup APB management using syntactic foam in HP/HT deepwater wells. SPE 180308.

Loder T, Evans J H, Griffith J E. 2003. Prediction of and effective preventative solution for annular fluid pressure buildup on subsea completed wells-case study. SPE 84270.

Moe B. 2000. Annular pressure buildup: What is it and what to do about it. Deepwater Technology, 21: 2-4.

Osgouei R E, Miska S Z, Ozbayoglu M E, et al. 2014. Annular pressure build up (APB) analysis-optimization of fluid rheology. SPE 170262.

Oudeman P, Kerem M. 2004. Transient Behavior of Annular Pressure Build-up in HP/HT Wells. SPE 88735.

Oudeman P, Bacarreza L J. 1995. Field trial results of annular pressure behavior in a high-pressure/high-temperature well. SPE Drilling & Completion, 10 (2): 84-88.

Pattillo P D, Cocales B W, Morey S C. 2006. Analysis of an annular pressure buildup failure during drill ahead. SPE Drilling & Completion, 21 (4).

Pattillo P D, Sathuvalli U B R, Rahman S M, et al. 2007. Mad Dog Slot W1 tubing deformation failure analysis. SPE 109882.

Phan V T, Choqueuse D, Cognard J Y, et al. 2013. Experimental analysis and modelling of the long term thermo-mechanical behaviour of glass/polypropylene syntactic used on thermally insulated offshore pipeline. Progress in Organic Coatings, 76 (2-3): 341-350.

Richard F, Vargo Jr, Mike Payne, et al. 2003. Practical and successful prevention of annular pressure buildup on the Marlin project. SPE 77473.

Rocha-Valadez T, Hasan A R, Mannan S, et al. 2014. Assessing wellbore integrity in sustained-casing-pressure annulus. SPE Drilling & Completion, 29 (1): 131-138.

Sui D, Horpestad T, Wiktorski E. 2018. Comprehensive modeling for temperature distributions of production and geothermal wells. Journal of Petroleum Science and Engineering, 167: 426-446.

Williamson R, Sanders W, Jakabosky T, et al. 2003. Control of contained- annulus fluid pressure buildup. SPE 79875.

Xu Y, Jiang L, Xu J, et al. 2012. Mechanical properties of expanded polystyrene lightweight aggregate concrete and brick. Construction & Building Materials, 27 (1): 32-38.

Zhang Z, Wang H. 2017. Effect of thermal expansion annulus pressure on cement sheath mechanical integrity in HPHT gas wells. Applied Thermal Engineering, 118: 600-611.